土木工程系列丛书

土木工程材料
学习指导

配"十二五"普通高等教育本科
国家级规划教材《土木工程材料》(第 3 版)

主编 张永娟 张 雄

U0337446

同济大学 出版社
TONGJI UNIVERSITY PRESS

内 容 提 要

本学习指导是按"十二五"普通高等教育本科国家级规划教材《土木工程材料》(第3版)内容编写的,对教材中绪论、土木工程材料的基本知识、钢材和铝合金、木材、气硬性无机胶凝材料、水泥、混凝土、建筑砂浆、石材、墙体材料和屋面材料、高分子建筑材料、沥青与沥青混合料、建筑功能材料等章节进行重点知识归纳。每章有相应的习题与解答。

本学习指导适用于高等院校、成人教育、网络学院等土木工程相关专业的本科生作课程使用,也可供考研生备考复习之用。书末还附有本科生考试模拟试卷和硕士研究生入学考试模拟试卷。

图书在版编目(CIP)数据

土木工程材料学习指导/张永娟,张雄主编. --上海:
同济大学出版社,2013.12
配"十二五"普通高等教育本科国家级规划教材《土
木工程材料》(第3版)
ISBN 978-7-5608-5254-6

Ⅰ. ①土… Ⅱ. ①张… ②张 Ⅲ. ①土木工程一建
筑材料一高等职业教育一教学参考资料 Ⅳ. ①TU5

中国版本图书馆 CIP 数据核字(2013)第 184178 号

土木工程材料学习指导

——配"十二五"普通高等教育本科国家级规划教材《土木工程材料》(第3版)

主编 张永娟 张 雄

责任编辑 缪临平 责任校对 徐春莲 封面设计 潘向蓁

出版发行 同济大学出版社 www.tongjipress.com.cn
(地址:上海市四平路1239号 邮编:200092 电话:021-65985622)
经 销 全国各地新华书店
印 刷 常熟市大宏印刷有限公司
开 本 787mm×1092mm 1/16
印 张 11.25
印 数 1—3100
字 数 280000
版 次 2013年12月第1版 2013年12月第1次印刷
书 号 ISBN 978-7-5608-5254-6

定 价 28.00元

前　言

本书是同济大学出版社出版的"十二五"普通高等教育本科国家级规划教材《土木工程材料》(第3版)(吴科如、张雄主编)的配套学习指导书。各章均由两部分组成：第一部分为教材的重点知识提要；第二部分为习题与解答，便于使用者复习。其中，习题包括名词解释、问答题、填空题、是非题、计算题等题型，基本上涵盖了本课程的内容。书末附有本科生考试、硕士研究生入学考试模拟试卷，供复习参考用。

本书由同济大学张永娟教授、张雄教授主编。参编人员有：王劲、杜红秀、鞠丽艳等。

在本书的编写中，尽管我们都尽了很大努力，但难免还会有疏漏和不妥之处，恳请广大师生和读者提出宝贵意见。

编者

2013 年 9 月

Contents 目 录

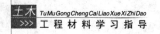

绪 论

重点知识提要

土木工程中使用的各种材料及制品统称为土木工程材料。

一、分类

土木工程材料可按不同原则(材料来源、使用部位、功能、化学成分等)进行分类。

目前,通常根据组成物质的种类及化学成分,将土木工程材料分为无机材料、有机材料和复合材料三大类,如表 0-1 所示。

表 0-1　　　　　　　　　　　　　土木工程材料分类

无机土木工程材料	非　金　属		金　属
	天然石材、烧土制品、胶凝材料、混凝土及其制品		有色金属、黑色金属
有机土木工程材料	植物类	合成高分子材料	沥青类
	木材、竹材	塑料、黏结剂、涂料等	防水材料、沥青混合料
复合材料	金属与非金属复合		无机与有机复合
	预应力混凝土、钢纤维混凝土		聚合物浸渍混凝土

二、规范与技术标准

我国技术标准分为四级:国家标准,代号为 GB;行业标准,如建材行业标准代号为 JC,建工行业标准的代号为 JG,交通行业标准代号为 JT;地方标准,代号为 DB;企业标准,代号为 QB。国家标准分为强制性和推荐性两类,推荐性标准用 T 表示,即 GB/T。

国际或外国标准主要有:国际标准,代号为 ISO;美国材料试验学会标准,代号为 ASTM;日本工业标准,代号为 JIS;德国工业标准,代号为 DIN;英国标准,代号为 BS;法国标准,代号为 NF 等。

习 题 与 解 答

一、问答题

1. 说明土木工程材料在土木工程中的重要性。

答:土木工程材料指土木工程中使用的各种材料及制品,它是一切土木工程的物质基础。在我国现代化建设中,土木工程材料占有极为重要的地位。由于组分、结构和构造不同,土木工程材料品种门类繁多、性能各不相同、价格相差悬殊,同时在土木工程中用量巨大。因此,正确选择和合理使用土木工程材料,对整个土木工程的安全、实用、美观、耐久及造价有着重大的意义。

2. 叙述土木工程对土木工程材料的要求。

答:(1) 强度 土木工程材料必须具备足够的强度,能够安全地承受设计荷载;自身的重量以轻为宜,以减少下部结构和地基的负荷。

(2) 耐久性 具有与使用环境相适应的耐久性,以便减少维修费用。

(3) 功能 满足功能要求。用于装饰的材料,应能美化房屋并产生一定的艺术效果;用于特殊部位的材料,应具有相应的特殊功能,例如:屋面材料要能绝热、防水,楼板和内墙材料要能隔声等。

(4) 生态环保 生产过程中还应尽可能保证低能耗、低物耗及环境友好。

3. 土木工程材料的技术标准有哪几级?

答:土木工程材料的技术标准有:国家标准、行业标准、地方标准和企业标准。

第一章 土木工程材料的基本性质

重点知识提要

材料在建筑物中所处的环境和部位不同,所起的作用也各不相同,为此要求材料必须具备相应的基本性质。

第一节 材料的组成、结构与性质

一、材料的组成

1. 化学组成

化学组成指构成材料的基本元素与化合物。习惯上,金属材料的化学组成以主要元素的含量来表示,无机非金属材料则以各种氧化物含量表示。

2. 矿物组成

矿物是具有一定化学成分和一定结构特征的化合物或单质。矿物组成是指构成材料的矿物种类和数量。

二、材料的结构

材料的结构同样决定着材料的性质。一般从宏观、细观和微观三个层次来分析研究材料的结构与性质的关系。

1. 宏观结构

宏观结构(或称构造)是指材料宏观存在的状态,即用肉眼或放大镜就可分辨的粗大组织,其尺寸在 10^{-3} m 级以上。

2. 细观结构

细观结构(也称显微或亚微观结构)是指用光学显微镜所能观察到的材料结构,其尺寸范围在 $10^{-3} \sim 10^{-6}$ m。

3. 微观结构

微观结构是指材料原子、分子层次的结构,其尺寸范围在 $10^{-6} \sim 10^{-10}$ m,可借助电子显微镜、X 射线衍射仪等手段来分析研究该层次上的结构特征。

材料的微观结构可分为晶体、玻璃体和胶体三类。

(1)晶体

晶体是由其内部质点(离子、原子、分子)按特定的规则在空间呈有规律的排列所形成的结构。因此晶体有以下特征:具有一定的几何外形,各向异性,有固定的熔点和化学稳定性,结晶接触点和晶面是晶体破坏或变形的薄弱部分。

(2) 玻璃体

玻璃体是熔融物在急速冷却时形成的无定形体。其质点呈无规则空间网络结构,其微观结构为近程有序、远程无序。故其具有化学不稳定性,亦即存在化学潜能,容易和其他物质反应或自行缓慢地向晶体转换。另外,由于质点排列无规律,具有各向同性,没有固定的熔点。

(3) 胶体

胶体是物质以极微小的质点(粒径为 $1\sim100~\mu m$)分散在介质中所形成的结构。由于胶体的质点很微小,其总的表面积很大,因而表面能很大,有很强的吸附力,所以胶体具有较强的黏结力。胶体可以经脱水或质点的凝聚作用而形成凝胶,凝胶具有固体的性质,但在长期应力作用下,又具有黏性液体的流动性质。

第二节　材料的物理性质

一、与质量状态有关的物理性质

真实密度 $\rho=\dfrac{m}{V}$(简称密度,又称为真密度、绝对密度)是材料在绝对密实状态下单位体积的质量。表观密度 $\rho'=\dfrac{m}{V'}$(又称为视密度、近似密度,apparent density)表示材料单位细观外形体积(包括内部封闭孔隙)的质量。容积密度 $\rho_0=\dfrac{m}{V_0}$(又称为体积密度或容重,volume density)表示材料单位宏观外形体积(包括内部封闭孔隙和开口孔隙)的质量。当材料含有水分时,它的质量和体积都会发生变化。堆积密度 $\rho'_0=\dfrac{m}{V'_0}$(bulk density)是指散粒材料或粉状材料,在自然堆积状态下单位体积的质量。

二、与构造状态有关的物理性质

1. 孔隙率与密实度

孔隙率(P)指材料内部孔隙体积占其总体积的百分率。

$$P=\frac{V_0-V}{V_0}=\left(1-\frac{\rho_0}{\rho}\right)\times100\%$$

密实度(D)即材料体积内被固体物质充实的程度,$D=1-P$。

材料孔隙率或密实度大小直接反映材料的密实程度。材料的孔隙率高,则表示密实程度小。

材料的孔隙率 P 可分为开口孔隙率(P_k)和闭口孔隙率(P_b),即:$P=P_k+P_b$。开口孔隙率按下式计算:

$$P_k = \frac{V_k}{V_0} = \frac{m_{sat} - m_{dry}}{V_0 \rho_w} \times 100\%$$

式中，m_{dry} 为干燥试样的质量，g；m_{sat} 为水饱和试样的质量，g；ρ_w 为试验时室温水的密度，g/cm^3。

材料的孔隙特征有大小、形状、分布、连通与否等之分。

2. 空隙率和填充率

空隙率（P'）是指在某堆积体积中，散粒状材料颗粒之间的空隙体积所占的百分率。

$$P' = \frac{V_0' - V_0}{V_0'} = \left(1 - \frac{\rho_0'}{\rho_0}\right) \times 100\%$$

填充率（D'）是散粒状材料在某堆积体积中被其颗粒填充的程度，$D' = 1 - P'$。

三、材料与水有关的性质

1. 亲水性与憎水性

材料与水接触时能被水润湿的性质称为亲水性。材料与水接触时不能被水润湿的性质称为憎水性。

材料的亲水性与憎水性可用润湿边角 θ 来说明。θ 愈小，表明材料易被水润湿。当 $\theta \leq 90°$ 时，该材料被称为亲水性材料；当 $\theta > 90°$ 时，称为憎水性材料。

2. 吸水性与吸湿性

（1）吸水性

材料在水中吸收水分的能力称为吸水性。吸水性的大小常以吸水率表示。有以下两种表示方法：①质量吸水率（W_m）：指材料吸水饱和时，所吸水量占材料绝干质量的百分率；②体积吸水率（W_V）：指材料吸水饱和时，所吸水分的体积占绝干材料自然体积的百分率。体积吸水率在数值上等于开口孔隙率。

质量吸水率与体积吸水率的关系为：$W_V = W_m \cdot \rho_0$

（2）吸湿性

材料在潮湿空气中吸收水分的性质称为吸湿性。材料的吸湿性常以含水率（$W_含$）表示，含水率等于含水量占材料绝干质量的百分率。含水率随环境温度和空气湿度的变化而改变。与空气温湿度相平衡时的含水率称为平衡含水率。

材料的亲水性越大，连通微细孔越多，则吸水率越大，含水率也越大。

四、材料与热有关的性质

1. 导热性

材料传导热量的性质称为导热性。材料的导热性常用导热系数（λ）表示。材料的导热系数愈小，表示其导热性愈差，绝热性能愈好。通常将 $\lambda \leq 0.23$ 的材料称为绝热材料。

2. 热阻

材料层厚度 δ 与导热系数 λ 的比值，称为热阻 R，它表明热量通过材料层时所受到的阻力。在同样的温差条件下，热阻越大，通过材料层的热量越少。

3. 传热系数

表示在稳态条件下，建筑围护结构两侧空气温度差为 1K，1h 内通过 $1m^2$ 面积传递的

热量。

4. 热容量

材料受热时吸收热量,冷却时放出热量的性质,称为热容量,用比热(c)表示。比热 c 与材料重量 m 的乘积,称为热容量。热容量对于保持室内温度稳定性具有重要意义。

五、材料与声有关的性质

1. 吸声性

材料能吸收声音的性质称为吸声性,用吸声系数(α)来表示。

吸声系数 α 越大,表示材料吸声效果越好。材料的吸声特性与声波的频率和入射角度有关,为了全面反映材料的吸声特性,以声波无规入射方式测量 $125Hz$,$250Hz$,$500Hz$,$1000Hz$,$2000Hz$ 和 $4000Hz$ 6 个频带的实用吸声系数。以上述 6 个频带实用吸声系数的算术平均值为材料的吸声系数(α),$\alpha \geqslant 0.20$ 的材料称为吸声材料。

2. 隔声性

材料隔绝声音的性质称为隔声性,隔绝空气传播声的能力用隔声量(R)表示。材料越密实,质量越大,隔绝空气声的效果越好。弹性材料、软质材料隔绝固体声最有效。

第三节 材料的基本力学性质

一、强度和比强度

1. 强度

材料在外力作用下抵抗破坏的能力称为强度。通常以材料在外力作用下失去承载能力时的极限应力来表示,亦称极限强度。土木工程材料通常有抗拉强度、抗压强度、抗弯强度、以及抗剪强度。土木工程材料通常根据其强度值划分为若干不同的等级,便于选用。

通常材料的孔隙率越大,孔径越大,其强度越小。材料的强度还与测试条件和方法等外部因素有关。同样的材料,小试件的强度测值大于大试件的,快速加荷时强度测值偏高,试件受压面不平时强度测值偏低,吸水饱和时的强度低于干燥时的强度。

2. 比强度

比强度是按单位体积的质量计算的材料强度,其值等于材料强度与其容积密度之比。比强度是衡量材料轻质高强的重要指标。

二、弹性与塑性

1. 弹性

材料在外力作用下产生变形,当外力除去后,变形能完全消失的性质称为弹性。材料的这种可恢复的变形称为弹性变形,其数值大小与外力成正比;这时应力与应变之比为常数,称为弹性模量。弹性模量愈大,材料抵抗变形的能力愈强,刚度愈好。刚度对结构用材至关重要。

2. 塑性

材料在外力作用下产生变形,当外力除去后,材料仍保留一部分残余变形且不产生裂缝的性质称为塑性。这部分残余变形称为塑性变形,如永久变形,属不可逆变形。

三、材料的脆性与韧性

1. 脆性

外力作用于材料并达到一定限度后,材料无明显塑性变形而发生突然破坏的性质称为脆性,具有这种性质的材料称脆性材料。脆性材料的抗压强度远大于其抗拉强度,可高达数倍甚至数十倍,但脆性材料承受冲击或震动荷载的能力很差。

2. 韧性

在冲击或震动荷载作用下,材料能吸收较大能量,同时产生较大变形,而不发生突然破坏的性质称为材料的冲击韧性(简称韧性)。韧性材料的特点是变形大,特别是塑性变形大,抗拉强度接近或高于抗压强度。在土木工程中,对于要求承受冲击荷载和有抗震要求的结构,其所用材料均应具有较高的韧性。

第四节 材料的耐久性

材料在长期使用过程中,抵抗周围各种介质的侵蚀而不破坏的性质,称为耐久性。

一、耐水性

材料长期在饱和水作用下不破坏,而且强度也不显著降低的性质称为耐水性。材料的耐水性用软化系数($K_{软} = f_{软}/f_{干}$)表示。软化系数愈小,表示材料的耐水性愈差。工程上,通常将 $K_{软} \geq 0.85$ 的材料称为耐水性材料。

二、抗渗性

材料抵抗压力水渗透的性质称为抗渗性(不透水性)。材料的抗渗性可用渗透系数 K 或抗渗等级 P 表示。渗透系数愈小或抗渗等级愈大,表示材料的抗渗性愈好。

材料抗渗性好坏,与其孔隙率和孔隙特征有关。绝对密实的材料和具有闭口孔隙的材料,或具有极细孔隙的材料,可以认为是不透水的。开口大孔材料抗渗性最差。此外,亲水性材料的毛细孔由于毛细作用而有利于水的渗透。

三、抗冻性

材料在吸水饱和状态下,能经受多次冻融循环作用而不破坏,同时也不严重降低强度的性质称为抗冻性。材料的抗冻性用抗冻等级 F 表示,即在一定条件下能够经受的冻融循环次数。材料的孔隙率低、孔径小、开口孔隙少,则抗冻性好。另外还与材料吸水饱和的程度、材料本身的强度以及冻结条件等有关。

四、耐候性

材料对阳光、风、雨、露、温度变化和腐蚀气体等自然侵蚀的耐受能力称为耐候性。

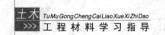

第五节　绿色土木工程材料

一、绿色土木工程材料材料

所谓绿色土木工程材料,是指统筹考虑土木工程材料在全寿命周期内(即包括原材料开采、运输与加工、建造、使用、维修、改造和拆除等各个环节),不仅具有满意的使用性能、所用的资源和能源的消耗量最少,而且在生产与使用过程对生态环境的影响最小,再生循环率最高。

二、材料的环境负荷性及其使用的健康安全性

满足如下几点的材料即为环境负荷性小、使用健康安全的材料:①满足国家产业政策的要求;②所用的土木工程材料要就地取材;③选材时考虑土木工程材料的循环利用性能;④采用废弃物生产的土木工程材料。

习 题 与 解 答

一、名词解释

1. 密度　2. 表观密度　3. 堆积密度　4. 密实度　5. 空隙率　6. 憎水性　7. 润湿角　8. 吸水性　9. 吸湿性　10. 强度　11. 比强度　12. 脆性　13. 韧性　14. 塑性　15. 导热系数　16. 热容量　17. 抗渗性　18. 抗冻性　19. 耐水性　20. 软化系数　21. 耐久性　22. 耐候性　23. 平衡含水率　24. 绝热材料　25. 吸声性　26. 吸声材料　27. 隔音材料

名词解释答案

1. 密度:密度是材料在绝对密实状态下,单位体积的质量。

2. 表观密度:表观密度(又称为视密度、近似密度)表示材料单位细观外形体积(包括内部封闭孔隙)的质量。

3. 堆积密度:堆积密度是指散粒材料或粉状材料,在自然堆积状态下单位体积的质量。

4. 密实度:材料体积内被固体物质充实的程度。

5. 空隙率:空隙率是指散粒或粉状材料在某堆积体积中,颗粒之间的空隙体积占其自然堆积体积的百分率。

6. 憎水性:材料与水接触时不能被水润湿的性质称为憎水性。

7. 润湿角:水滴滴在固体材料表面时以固-液-空气三相点出发对包含液相的表面作切线,该切线与固-液表面形成的夹角称为润湿角。

8. 吸水性:材料在水中吸收水分的能力称为吸水性。

9. 吸湿性:材料在潮湿空气中吸收水分的性质称为吸湿性。

10. 强度:材料在外力作用下抵抗破坏的能力称为强度。

11. **比强度**:比强度是按单位体积的质量计算的材料强度,其值等于材料强度与其表观密度之比。

12. **脆性**:外力作用于材料并达到一定限度后,材料无明显塑性变形而发生突然破坏的性质称为脆性。

13. **韧性**:在冲击或震动荷载作用下,材料能吸收较大能量,同时产生较大变形,而不发生突然破坏的性质称为材料的冲击韧性(简称韧性)。

14. **塑性**:材料在外力作用下产生变形,当外力除去后,材料仍保留一部分残余变形且不产生裂缝的性质称为塑性。

15. **导热系数**:导热系数是评定材料绝热性能的主要指标。其大小受材料的孔隙结构、含水状况影响很大。导数系数还与材料的组成、温度等因素有关。

16. **热容量**:材料受热时吸收热量,冷却时放出热量的性质,称为热容量,其值为比热容 c 与材料质量 m 的乘积。

17. **抗渗性**:材料抵抗压力水渗透的性质称为抗渗性(不透水性)。

18. **抗冻性**:材料在吸水饱和状态下,能经受多次冻融循环作用而不破坏,同时也不严重降低强度的性质称为抗冻性。

19. **耐水性**:材料长期在饱和水作用下不破坏,而且强度也不显著降低的性质称为耐水性。

20. **软化系数**:材料在吸水饱和状态下的抗压强度与材料在干燥状态下的抗压强度之比,称为软化系数。

21. **耐久性**:材料在长期使用过程中,抵抗周围各种介质的侵蚀而不破坏的性质,称为耐久性。

22. **耐候性**:材料对阳光、风、雨、露、温度变化和腐蚀气体等自然侵蚀的耐受能力称为耐候性。

23. **平衡含水率**:与空气温湿度相平衡时的含水率称为平衡含水率。

24. **绝热材料**:通常将导热系数 $\lambda \leqslant 0.23$ W/(m·K)的材料称为绝热材料。

25. **吸声性**:材料能吸收声音的性质称为吸声性。

26. **吸声材料**:吸声系数 $\geqslant 0.20$ 的材料称为吸声材料。

27. **隔音材料**:用于隔断声音传播的材料,包括隔空气声和隔固体声。

二、问答题

1. 材料的含水状况对密度、表观密度、容积密度、堆积密度是否有影响?如何影响的?

答:材料含水后对四者的影响为:因测定密度时材料必须是绝对干燥的,故对密度没有影响;因内部封闭孔隙不会吸水,故含水对表观密度没有影响;因开口孔隙吸水,使容积密度增大;含水对堆积密度的影响则复杂,因含水后材料堆积状态下的质量和体积都会发生变化,一般来说是使堆积密度增大。

2. 试分析材料的强度、吸水性、抗渗性、抗冻性、导热性及吸声性与材料孔隙率及孔隙结构的关系。

答:孔隙率是指材料内部孔隙体积占其总体积的百分率。孔隙率的大小直接反映材料的密实程度。

一般来说,孔隙率增大,材料的强度降低、容积密度降低、绝热性能提高、抗渗性降低、抗冻性降低、耐腐蚀性降低、耐久性降低、吸水性提高。

材料内部的孔隙各式各样,十分复杂,孔隙特征主要有大小、形状、分布、连通与否等。孔隙特征对材料的物理、力学性质均有显著影响。若是开口孔隙和连通孔隙增加,会使材料的吸水性、吸湿性和吸声性显著增强,而使材料的抗渗性、抗冻性、耐腐蚀性等耐久性能显著下降。若是封闭的细小气孔增加,则对材料的吸水、吸湿、吸声无明显的影响;但对绝热、抗渗性、抗冻性等性能则有影响。在一定的范围内,增加细小封闭气孔,特别是球形气孔,会使材料的绝热性能和抗渗性、抗冻性等耐久性提高。在孔隙率一定的情况下,含大孔、开口孔隙及连通孔隙多的材料,其绝热性较含细小、封闭气孔的材料稍差。

3. 脆性材料和韧性材料各有何特点? 它们在应用中有何区别?

答:脆性材料特点:材料在外力作用下,达到破坏荷载时的变形值很小,破坏时表现为突发性破坏,没有任何预兆;脆性材料的抗压强度远大于其抗拉强度,可高达数倍甚至数十倍;脆性材料承受冲击或震动荷载的能力很差。脆性材料适宜承受静压力,用于受压部位。

韧性材料特点:在冲击或震动荷载作用下,材料能吸收较大能量,同时产生较大变形,特别是塑性变形大,破坏前有明显预兆;抗拉强度接近或高于抗压强度。韧性材料主要适合承受拉力或动载,对于要求承受冲击荷载和有抗震要求的结构,均应具有较高的韧性。

4. 同种材料为何在不同测试条件下结果不一样?

答:影响材料强度测试结果的因素有很多。主要有试件的形状、尺寸、加载速度、试件与压板间的接触情况以及试件表面的平整度,等等。小尺寸的试件测试的强度高于大尺寸试件;立方体试件的测得值高于棱柱体试件;加载速度快时测得的强度值高于加载速度慢的;受压试件与加压钢板间无润滑作用(如未涂石蜡等润滑物时),测得的值高于有润滑作用的;表面平整的试件的测得值高于表面不平整的。

5. 简述影响材料导热系数的因素。

答:(1) 材料的组成和结构   一般来说,金属材料的导热系数比非金属材料为大;无机材料的导热系数较有机材料为大;晶体材料较非晶体材料为大。对于各向异性材料,导热系数随导热方向不同而改变。

(2) 材料的孔隙率   一般而言,孔隙率越大,导热系数越小。大孔、连通孔隙由于空气在其内的对流换热,导热系数较大。封闭的小孔由于空气在其内的对流换热小,故导热系数最小,即对绝热最有利。

(3) 材料的含水率   由于水的导热系数远远大于空气的导热系数,故含水率越大,导热系数越大。这也正是绝热材料在施工、使用中必须保持干燥的原因。

此外,温度也有一定的影响,温度增高,导热系数增大。

6. 影响材料吸水率的因素有哪些? 含水对材料的哪些性质有影响? 影响如何?

答:影响材料吸水率的因素主要有两个:一是材料的亲水性,亲水性材料的吸水率大于憎水性材料;二是材料内部的孔隙率,特别是微细的开口孔隙率,含量越高材料的吸水率越大。

含水对材料的所有性质都有影响。材料含水越多,材料的强度下降得越多、绝热性越差、抗冻性越差、耐腐蚀性越差,其他耐久性也越差、吸声性也变差,同时材料的容积密度相应增加。

7. 影响材料抗渗性、抗冻性的因素有哪些？如何改善材料的抗渗性和抗冻性？

答：影响材料抗渗性的主要因素有材料的孔隙特征，特别是开口孔隙率和孔径，以及材料的憎水性。

改善抗渗性的措施：降低孔隙率，特别是要降低开口孔隙率，减小孔径尺寸；对材料进行憎水性处理。

影响材料抗冻性的主要因素是材料的孔隙特征，特别是开口孔隙率和孔径，此外还有孔隙内的充水程度、材料自身的强度。

改善材料抗冻性的方法有：①尽量降低材料的孔隙率，特别是开口孔隙率，减小孔径尺寸；②引入适量的球形微细孔，也可显著改善材料的抗冻性。

三、填空题

1. 当材料的孔隙率一定时，孔隙尺寸愈小，材料的强度愈_____，绝热性能愈_____，耐久性_____。

2. 材料的孔隙率较大时（假定大部分为闭口孔），则材料的表观密度_____、强度_____、吸水率_____、抗渗性_____、抗冻性_____、导热性_____，吸声性_____。

3. 外墙保温材料宜选用导热系数较_____的材料，外墙体的热容量较_____，这样可尽可能使室内冬暖夏凉。

4. 软化系数 $K_{软}$ 指_____，大于_____的材料认为是耐水的。

5. 评价材料是否轻质高强的指标为_____，它等于_____，其值越大，表明材料_____。

6. 无机非金属材料一般均属于脆性材料，最宜承受_____力。

7. 相同材料采用小试件测得的强度较大试件_____；加荷速度快者强度值偏_____；试件表面不平或表面涂润滑剂时，所测强度值偏_____。

8. 材料的吸水性主要取决于_____及_____；_____较大，且具有_____而又_____孔隙的材料其吸水率往往较大。

9. 一般来说，材料含水时的强度比干燥时_____。

10. 量取 10 L 气干状态的卵石，称重为 14.5 kg，又取 500 g 烘干的该卵石，放入装有 500 ml 水的量筒中，静置 24 h 后，水面升高为 685 ml。则该卵石的堆积密度为_____，表观密度为_____，空隙率为_____。

11. 材料的强度试验值要受试件的_____、_____、_____，以及试验时_____、_____等的影响。

12. 材料的弹性模量反映了材料_____的能力。

13. 脆性材料承受冲击或震动荷载的能力很_____。

填空题答案

1. 高，好，愈好　2. 较小，较小，较小，较好，较差，较差　3. 小，大　4. 材料吸水饱和时的强度与干燥时的强度之比,0.85　**5.** 比强度,材料的强度与容积密度之比,越轻质高强　**6.** 静压　**7.** 高,高,低　**8.** 材料的孔隙率,孔径,连通性;孔隙率,细小开口,连通　**9.** 低　**10.** 1 450 kg/m³,2.70 g/cm³,46%　**11.** 形状,尺寸,表面状态,含水程度,加荷速度,温度　**12.** 抵抗变形　**13.** 差

四、选择题

1. 含水率5%的砂100 g,其中,干砂重_____。

    A. $100 \times (1 - 5\%) = 95$ g;　　　　　B. $(100 - 5) \times (1 - 5\%) = 90.25$ g;

    C. $\dfrac{100}{1 + 5\%} = 95.2$ g。

2. 颗粒材料的密度为 ρ,表观密度为 ρ',容积密度为 ρ_0,堆积密度为 ρ_0',则存在下列关系_____。

    A. $\rho > \rho_0' > \rho_0 > \rho'$;　　　　　B. $\rho' > \rho_0 > \rho > \rho_0'$;

    C. $\rho > \rho' > \rho_0 > \rho_0'$;　　　　　D. $\rho > \rho_0 > \rho' > \rho_0'$。

3. 对于某材料来说无论环境怎样变化,其_____都是一个定值。

    A. ρ_0;　　　　B. ρ;　　　　C. ρ_0';　　　　D. 平衡含水率。

4. 对于组成相同具有下列不同特性的材料一般应有怎样的构造特征(均同种材料):①强度较高的应是_____;②吸水率大的应是_____;③抗冻性较好的应是_____;④绝热性好的应是_____;⑤吸声性能好的应是_____。

    A. 孔隙率大;　　B. 孔隙率小;　　C. 连通孔;　　D. 闭口孔;

    E. 粗大孔;　　　F. 微细孔。

5. 在组成结构一定的情况下,要使材料的导热系数尽量小,应采用_____。

    A. 使含水率尽量低;　　　　　　　B. 使孔隙率大,特别是闭口,小孔尽量多;

    C. 含水率尽量低,大孔尽量多;　　D. (A+B)。

6. 某材料其含水率与大气平衡时的抗压强度为 40.0 MPa,干燥时抗压强度为42.0 MPa,吸水饱和时抗压强度为 38.0 MPa,则材料的软化系数为_____和耐水性_____。

    A. 0.95,好;　　B. 0.90,好;　　C. 0.952,好;　　D. 0.90,差。

7. 相同组成的材料,导热系数存在如下关系_____。

    A. 结晶材料>微晶材料>玻璃体结构;

    B. 结晶结构>玻璃体结构>微晶结构;

    C. 玻璃体结构>结晶结构>微晶结构;

    D. 微晶结构>结晶结构>微晶结构。

8. 在土木工程中,对于要求承受冲击荷载和有抗震要求的结构,其所用材料,均应具有较高的_____。

    A. 弹性;　　　　B. 塑性;　　　　C. 脆性;　　　　D. 韧性。

9. 混凝土的棱柱体强度(f_{cp})与混凝土的立方强度(f_{cc}),其二者的关系是_____。

    A. $f_{cp} < f_{cc}$;　　B. $f_{cp} \leqslant f_{cc}$;　　C. $f_{cp} \geqslant f_{cc}$;　　D. $f_{cp} > f_{cc}$。

10. 从组成上来看,_____导热系数最大,_____导热系数最小。

    A. 金属材料;　　　　　　　　　　　B. 无机非金属材料;

C. 有机材料。

11. 下列各项中,表述错误的是 _____。

    A. 容积密度小,导热系数小;   B. 含水率高,导热系数大;

    C. 孔隙不连通,导热系数大;   D. 固体比空气导热系数大。

12. 某混凝土的吸水饱和后的抗压强度为 202 MPa 和干燥状态的抗压强度 235 MPa,该混凝土的软化系数为 _____。

    A. 0.92;   B. 0.87;   C. 0.96;   D. 0.13。

13. 材料的抗弯强度与试件的以下哪个条件有关 _____。(Ⅰ.受力情况,Ⅱ.材料重量,Ⅲ.截面形状,Ⅳ.支承条件)

    A. Ⅰ,Ⅱ,Ⅲ;   B. Ⅱ,Ⅲ,Ⅳ;   C. Ⅰ,Ⅲ,Ⅳ;   D. Ⅰ,Ⅱ,Ⅳ。

14. _____ 属于韧性材料。

    A. 砖;   B. 石材;   C. 普通混凝土;   D. 木材。

15. 对相同品种,不同容积密度的材料进行比较时,一般来说,其容积密度大者,则其 _____。

    A. 强度低;   B. 强度高;   C. 比较结实;   D. 空隙率大。

16. _____ 属于憎水材料。

    A. 天然石材;   B. 钢材;   C. 石蜡;   D. 混凝土。

17. 软化系数大于 _____ 的材料称为耐水材料。

    A. 0.75;   B. 0.80;   C. 0.85;   D. 0.90。

18. 材料孔隙中可能存在的三种介质:水、空气和冰,其导热能力顺序为: _____。

    A. 水>冰>空气;   B. 冰>水>空气;

    C. 空气>水>冰;   D. 空气>冰>水。

19. 对于土木工程中常用的大量无机非金属材料,下列说法中,不正确的是 _____。

    A. 多为亲水性材料;   B. 多为脆性材料;

    C. 多用于承受压力荷载;   D. 是完全弹性的材料。

20. 为提高材料的耐久性,可以采取的措施有 _____。

    A. 降低孔隙率;   B. 改善孔隙特征;   C. 加保护层;   D. 以上都是。

21. 材料的闭口孔增加时,_____ 不可能获得改善。

    A. 抗冻性;   B. 抗渗性;   C. 吸声性;   D. 强度。

选择题答案

1. C   2. C   3. B   4. ①B   ②A,C,F   ③B,D   ④A,D   ⑤A,C   5. D   6. B
7. A   8. D   9. A   10. A,C   11. C   12. B   13. C   14. D   15. B   16. C   17. C
18. B   19. D   20. D   21. D

五、是非题(正确的写"T",错误的写"F")

1. 对于任何材料,其密度都大于其容积密度。( )

2. 材料的孔隙率越小,吸水率越高。( )

3. 凡是含孔材料干容积密度均比其密度小。( )

4. 凡是含孔材料其体积吸水率都不能为零。（　　　）

5. 软化系数越大的材料，其耐水性能越好。（　　　）

6. 渗透系数愈小或抗渗等级愈大，表示材料的抗渗性愈好。（　　　）

7. 对孔隙率相近的同种材料来说，孔隙细微或封闭的材料其绝热性能好，而孔隙粗大且连通的材料绝热性能差些。（　　　）

8. 在其他条件相同时，即使加荷速度不同，所测得的试件强度值也相同。（　　　）

9. 材料的孔隙率越大，其抗冻性就越差。（　　　）

10. 在进行材料抗压强度试验时，大试件较小试件的试验结果值偏大。（　　　）

12. 在土木工程材料中，常以在常温常压，水能否进入孔中来区分开口孔与闭口孔。（　　　）

13. 增加墙体厚度可提高其绝热效果，从而使墙体材料的导热系数降低。（　　　）

14. 绝热性能好的材料，吸声性能也好。（　　　）

15. 同种材料，孔隙率相同时，强度也相同。（　　　）

16. 韧性好的材料在破坏时比脆性材料可产生更大的变形。（　　　）

17. 材料在进行强度试验时，加荷速度快者较加荷速度慢者的试验结果值偏小。（　　　）

18. 材料吸水饱和时，其体积吸水率就等于开口孔隙率。（　　　）

19. 绝热材料具有容积密度小、孔隙率大、强度低3个基本特点。（　　　）

20. 材料的含湿状态影响其绝热性能，但对吸声性能没有影响。（　　　）

21. 材料中引入适量微细封闭气孔，有利于提高其抗冻性和抗渗性。（　　　）

22. 绝热材料应具有低的导热系数和低的比热容。（　　　）

23. 孔隙率相同时，材料的孔径越大，则材料的吸湿性能力越强。（　　　）

24. 土木工程中，承受冲击荷载的结构、大跨度的结构所用材料应具有良好的韧性。（　　　）

是非题答案

1. F **2.** F **3.** T **4.** F **5.** T **6.** T **7.** T **8.** F **9.** T **10.** F **11.** F **12.** T
13. F **14.** F **15.** F **16.** T **17.** F **18.** T **19.** T **20.** F **21.** T **22.** F **23.** F
24. T

六、计算题

1. 有一石材干试样，质量为280 g，把它浸水；吸水饱和排出水体积120 cm³，将其取出后擦干表面，再次放入水中排出水体积为130 cm³，若试样体积无膨胀，求此石材的表观密度、容积密度、质量吸水率和体积吸水率。

解 表观密度（包含封闭孔隙）$\rho_{op} = \dfrac{m}{V} = \dfrac{280}{120}$ g/cm³ = 2.33 g/cm³

容积密度 $\rho_0 = \dfrac{m}{V_0} = \dfrac{280}{130}$ g/cm³ = 2.15 g/cm³

吸水饱和时有：

吸水量 $m_水 = V_水 \cdot \rho_w = V_{OP} \cdot \rho_w = (V_0 - V')\rho_w = (130-120) \text{cm}^3 \times 1 \text{g/cm}^3 = 10 \text{g}$

质量吸水率 $W_m = (m_水/m) \times 100\% = 10/280 \times 100\% = 3.57\%$

体积吸水率 $W_V = 3.57\% \times 2.15 = 7.68\%$

2. 将卵石洗净并吸水饱和后,用布擦干表面称 1 005 g,将其装入盛满水重为 1 840 g 的广口瓶内,称其总重量为 2 475 g,经烘干后称其质量为 1 000 g,试问上述条件可求得卵石的哪些密度值? 各是多少?

解: 宏观外形体积 $V_0 = \dfrac{[(1\,005+1\,840)-2\,475]\mathrm{g}}{1\ \mathrm{g/cm^3}} = 370\ \mathrm{cm^3}$

开口孔隙体积 $V_{OP} = \dfrac{(1\,005-1\,000)\mathrm{g}}{1\ \mathrm{g/cm^3}} = 5\ \mathrm{cm^3}$

包含封闭孔隙的外形体积 $V' = V_0 - V_{OP} = (375-5) = 370\ \mathrm{cm^3}$

容积密度 $\rho_0 = \dfrac{m}{V_0} = \dfrac{1\,000}{370}\mathrm{g/cm^3} = 2.70\ \mathrm{g/cm^3}$

表观密度(包含封闭孔隙) $\rho_0 = \dfrac{m}{V'} = \dfrac{1\,000}{365}\mathrm{g/cm^3} = 2.74\ \mathrm{g/cm^3}$

3. 一块普通黏土砖尺寸为 240 mm×115 mm×53 mm,烘干后质量为 2 425 g,吸水饱和后为 2 640 g,将其烘干磨细后取 50 g 用李氏瓶测其体积为 19.2 cm³,求该砖的开口孔隙率及闭口孔隙率。

解: 开口孔隙体积 $V_{OP} = \dfrac{m_w}{\rho_w} = \dfrac{(2\,640-2\,425)\mathrm{g}}{1\ \mathrm{g/cm^3}} = 215\ \mathrm{cm^3}$

开口孔隙率 $P_{OP} = \dfrac{V_{OP}}{V_0} = \dfrac{215\ \mathrm{cm^3}}{24.0\ \mathrm{cm}\times11.5\ \mathrm{cm}\times5.3\ \mathrm{cm}}\times100\% = 14.7\%$

容积密度 $\rho_0 = \dfrac{m}{V_0} = \dfrac{2\,425\ \mathrm{g}}{24.0\ \mathrm{cm}\times11.5\ \mathrm{cm}\times5.3\ \mathrm{cm}} = 1.66\ \mathrm{g/cm^3}$

密度 $\rho = \dfrac{m}{V} = \dfrac{50\ \mathrm{g}}{19.2\ \mathrm{cm^3}} = 2.6\ \mathrm{g/cm^3}$

总孔隙率 $P = \left(1-\dfrac{\rho_0}{\rho}\right) = \left(1-\dfrac{1.66}{2.6}\right)\times100\% = 36.2\%$

闭口孔隙率 $P_{CL} = P - P_{OP} = 36.2\% - 14.7\% = 21.5\%$

4. 某材料密度为 2.60 g/cm³,干燥容积密度为 1 600 kg/m³;现将一重 954 g 的该材料浸入水中,吸水饱和后取出称重为 1 086 g,试求该材料的孔隙率、质量吸水率、开口孔隙率和闭口孔隙率。

解: 总孔隙率 $P = \left(1-\dfrac{\rho_0}{\rho}\right)\times100\% = \left(1-\dfrac{1\,600}{2.6\times1\,000}\right)\times100\% = 38.5\%$

质量吸水率 $W_m = \dfrac{1\,086-954}{954}\times100\% = 13.8\%$

宏观外形体积 $V_0 = \dfrac{m}{\rho_0} = \dfrac{954}{1\,600/1\,000} = 596\ \mathrm{cm^3}$

开口孔隙率 $P_{OP} = \dfrac{1\,086-954}{596}\times100\% = 22.1\%$

闭口孔隙率 $P_{CL} = P - P_{OP} = 38.5\% - 22.1\% = 16.4\%$

5. 从室外堆场取来 100 mm×100 mm×100 mm 的混凝土试件,称得质量为 2 429 g,将其浸水饱和后,称得质量为 2 452 g,再将其烘干后,称得质量为 2 402 g,求此混凝土的:①容积密度;②自然状态含水率;③质量吸水率;④体积吸水率。

解: 容积密度 $\rho_0 = 2\,402/(10\times10\times10) = 2.4\ \mathrm{g/cm^3}$

自然状态含水率 $W=(2\,429-2\,402)/2\,400\times100\%=1\%$

质量吸水率 $W_m=(2\,452-2\,400)/2\,400\times100\%=2\%$

体积吸水率 $W_V=W_m\cdot\rho_0=2\times2.4=4.8\%$

6. 称取堆积密度为 $1\,520$ kg/m³ 的干砂 200 g,将此砂装入容量瓶内,加满水并排尽气泡(砂已吸水饱和),称得总质量为 518 g。将瓶内砂样倒出,向瓶内重新注满水,此时称得总质量为 397 g,试计算砂的表观密度。

解: $\rho_0=\dfrac{m}{m+m_2-m_1}\cdot\dfrac{1}{\rho_w}=\dfrac{200}{200+397-518}\cdot\dfrac{1}{1}=2.53$ g/cm³

7. 某石子绝干时的质量为 m,将此石子表面涂一层已知密度的石蜡($\rho_{蜡}$)后,称得总质量为 m_1。将此涂蜡的石子放入水中,称得在水中的质量为 m_2。问此方法可测得材料的哪项参数? 试推导出计算公式。

解: 甲在石子表面涂有石蜡,故当浸入到水中时,石子的开口孔隙中不能进入水,即测得的体积包括石子内的开口孔隙的体积,故此法测得的石子的体积为 $V_{石}$,由此可计算出石子的容积密度。

石子表面所涂石蜡的质量为: $m_{蜡}=m_1-m$

故石蜡的体积为: $V_{蜡}=(m_1-m)\cdot\dfrac{1}{\rho_{蜡}}$

由浮力原理知: $m_1-m_2=V_{总}\cdot\rho_w$,而 $V_{总}=V_{石}+V_{蜡}$

所以 $V_{石}=V_{总}-V_{蜡}=\dfrac{m_1-m_2}{\rho_w}-\dfrac{m_1-m}{\rho_{蜡}}$

因而石子的容积密度为: $\rho_0=\dfrac{m}{\dfrac{m_1-m_2}{\rho_w}-\dfrac{m_1-m}{\rho_{蜡}}}$

8. 某材料的体积吸水率为 15%,密度为 3.0 g/cm³,绝干容积密度为 1 500 kg/m³。试求该材料的质量吸水率、开口孔隙率、闭口孔隙率、表观密度。

解: 质量吸水率 $W_m=W_V\cdot\dfrac{\rho_w}{\rho_0}=15\%\times\dfrac{1\,500}{1\,000}=22.5\%$

开口孔隙率 $P_{OP}=W_V=15\%$

总孔隙率 $P=\left(1-\dfrac{\rho_0}{\rho}\right)\times100\%=\left(1-\dfrac{1.5}{3.0}\right)\times100\%=50\%$

闭口孔隙率 $P_{CL}=P-P_{OP}=50\%-15\%=35\%$

因为 $W_V=\dfrac{V_w}{V_0}$,$\rho_0=\dfrac{m}{V_0}$,$V_0=V'+V_w$,所以表观密度为:

$$\rho'=\dfrac{m}{V'}=\dfrac{m}{V_0-V_w}=\dfrac{m}{V_0-W_VV_0}=\dfrac{m}{\dfrac{m}{\rho_0}(1-W_V)}$$

$$=\dfrac{\rho_0}{1-W_V}=\dfrac{1\,500}{1-15\%}=1\,765 \text{ kg/m}^3$$

第二章

钢材和铝合金

重点知识提要

第一节 概 述

金属材料包括黑色金属和有色金属两大类。土木工程涉及的黑色金属主要是铁、钢和合金钢,有色金属主要是铝及其合金。钢材广泛应用于铁路、桥梁、建筑工程等各种结构工程中。铝及其合金主要用于建筑门窗和装饰板材。

第二节 钢的冶炼和分类

一、钢的冶炼

钢和铁的主要成分是铁和碳。含碳量大于2%的为生铁,含碳量小于2%的为钢。

生铁中含有较多的碳和其他杂质,故生铁硬而脆,塑性差,使用受到很大的限制。钢的冶炼是以铁水或生铁作为主要原料,在转炉、平炉或电炉中冶炼,是用氧化的方法来除去铁中的碳及部分杂质。

平炉法炼钢是以铁液或固体生铁、废钢铁和适量的铁矿石为原料,以煤气或重油为燃料使杂质氧化而被除去。该方法冶炼时间长(4~12h),杂质少,质量好。但投资大,成本高。

转炉炼钢有氧气转炉和空气转炉法。氧气转炉法优点是冶炼时间短(25~45min),杂质含量相对空气转炉少,质量好,可生产优质碳素钢和合金钢;空气转炉成本低,但杂质含量高。

电炉法炼钢则是用来冶炼优质碳素钢及特殊合金钢。该方法炼钢产量低,质量好,成本最高,电炉炼钢以废钢为主要原料。

二、钢材加工方法

钢材的主要加工方法有:轧制、锻造、拉拔、挤压4种加工方法。

三、钢的分类

钢按化学成分可分为碳素钢和合金钢两大类。

碳素钢根据含碳量可分为:低碳钢、中碳钢和高碳钢。

按冶炼时脱氧程度可分为:沸腾钢、镇静钢、半镇静钢和特殊镇静钢。

合金钢按合金元素的总含量可分为:低合金钢、中合金钢和高合金钢。

按照钢材品质分为:普通钢、优质钢和高级优质钢。

根据用途的不同,工业用钢常分为:结构钢、工具钢和特殊性能钢。

土木工程上常用的钢材是普通低碳结构钢和普通低合金结构钢。

第三节　化学成分对钢材性能的影响

碳素钢中除了铁和碳元素之外,还含有硅、锰、磷、硫、氮、氧等元素。它们的含量决定了钢材的质量和性能。一些主要化学元素对钢材料性能的影响,如表 2-1 所示。

表 2-1　　　　　　　　　　主要化学元素对钢材性能的影响

元素与类别		性　能	
		强度、塑性、韧性	其他性能
硬化元素	C	增加强度,降低塑性与韧性	降低焊接性能,增加冷脆性和时效敏感性
	Si	增强,对塑性、韧性影响不大	可焊性和冷加工性能有所降低,提高抗腐蚀性
	N	增强,使塑性、韧性大幅下降	加剧钢的时效敏感性和冷脆性,使可焊性变差
有益元素	Mn	增强,对塑性、韧性影响不大	消减硫和氧引起的热脆性,提高耐磨性,降低焊接性
	P	可增强,急剧降低塑性、韧性	增大冷脆性,降低焊接性,提高耐磨性和耐腐蚀性能
有害元素	S	均下降	增大热脆性,降低焊接性,降低各种机械性能,降低抗腐蚀性
	O	均下降	增大热脆性,降低焊接性,降低各种机械性能,降低抗腐蚀性
合金元素	Cr Ni 等	均改善	改善钢材的硬度、防腐等性能

第四节　钢材的技术性质

一、力学性能

1. 抗拉性能

屈服点(σ_s)、抗拉强度(σ_b)和伸长率(A)是钢材的重要技术指标。屈服点(σ_s)是结构设计取值的依据;抗拉强度(σ_b)反映钢材抵抗断裂破坏能力;屈强比(σ_s/σ_b)反映钢材的利用率和使用中的安全可靠程度,比较适宜的屈强比应在 0.60~0.75 间。

断后伸长率(A)表示钢材被拉断后的塑性变形值,它反映了钢材的塑性变形能力。断后伸长率等于($l_u - l_0$)与原始标距长度(l_0)之比,l_u 为断裂试件拼合后标距的长度。由于钢试件在颈缩部位的变形大,使得原长(l_0)与原直径(d_0)之比为 5 倍的伸长率(A,以前用 δ_5 表示)

大于同一材质的 l_0/d_0 为 10 的伸长率（$A_{11.3}$，老标准用 δ_{10} 表示）。建筑钢材在正常工作中，结构内含缺陷处会因为应力集中而超过屈服点，具有一定塑性变形能力的钢材，会使应力重分布，从而避免钢材在应力集中作用下的过早破坏。

高碳钢拉伸时，塑性变形很小且没有明显的屈服点，抗拉强度高。其结构设计取值是人为规定的条件屈服点（$\sigma_{0.2}$），即产生残余变形为 $0.2\%l_0$ 时的应力值。

2. 冲击韧性

冲击韧性是指钢材抵抗冲击荷载作用的能力，以冲击韧性值 α_k（J/cm^2）表示。α_k 值越大，钢材的冲击韧性越好。

钢材的冲击韧性是用标准试件（中部加工有 V 型或 U 型缺口），在摆锤式冲击试验机上进行冲击弯曲试验后确定，试件缺口处受冲击破坏后，以缺口底部单位面积上所消耗的功，即为冲击韧性指标。

3. 耐疲劳性

钢材在交变荷载反复作用下，在远低于抗拉强度时发生突然破坏，这种破坏叫疲劳破坏。疲劳破坏的危险应力用疲劳极限或疲劳强度表示。它是指钢材在交变荷载下，于规定的周期基数内不发生断裂所能承受的最大应力。

4. 硬度

表示钢材表面局部体积内，抵抗外物压入产生塑性变形的能力，是衡量钢材软硬程度的一个指标。测定钢材硬度的常用方法有布氏法、洛氏法和维氏法。

二、工艺性能——冷弯性

冷弯性能是指钢材在常温下承受弯曲变形的能力。弯曲角度越大，弯心直径对试件厚度（或直径）的比值愈小，则表示钢材冷弯性能越好。钢材在弯曲过程中，受弯部产生局部不均匀塑性变形，这种变形在一定程度上比伸长率更能反映钢材内部组织状态、内应力及杂质等缺陷。

冷弯试验后，检查受弯部位的外拱面和两侧面，不发生裂纹、起层或断裂为合格。

第五节　钢材的冷加工和热处理

一、冷加工强化和时效

在常温下对钢筋进行冷拉、冷拔和冷轧，使之产生塑性变形，从而提高屈服强度，相应降低了塑性和韧性，这种加工方法称为钢筋的冷加工。冷拉加工时可用应力或应变来控制冷拉的程度。钢材经冷加工后，屈服点提高而抗拉强度基本不变，塑性和韧性相应降低，弹性模量降低。

钢材经冷加工后，随着时间的延长，钢的屈服强度和抗拉强度逐渐提高，而塑性和韧性逐渐降低的现象，称为时效。时效可使冷拉损失的弹性模量基本恢复。冷拉后的钢材在常温下放置 15～20d，或加热到 100℃～200℃并保持 2～3h，这一过程称为时效处理。前者称为称自然时效，后者称为称人工时效。一般强度较低的钢筋采用自然时效即可达到时效目的，强度较高的钢筋对自然时效不敏感，必须采用人工时效。

二、热处理

热处理是将钢材在固态范围内进行加热、保温和冷却,以改变其金相组织和显微结构组织,从而获得所需性能的一种工艺过程。热处理的方法有退火、正火、淬火和回火。

第六节　钢材(结构)的连接

一、焊接连接

焊接方法可以归纳为三个基本类型:熔化焊、压力焊和钎焊。

钢的化学成分、冶炼质量及冷加工等都可影响焊接性能。含碳量小于 0.25% 的碳素钢具有良好的可焊性。含碳量超过 0.3% 可焊性变差。硫、磷及气体杂质会使可焊性降低,加入过多的合金元素,也将降低可焊性。对于高碳钢和合金钢,为改善焊接质量,一般需要采用预热和焊后处理,以保证质量。

二、其他连接

钢材的其他连接方法有:螺栓连接、铆钉连接和钢筋机械连接。

第七节　土木工程用钢、钢材的标准和选用

一、土木工程用钢的主要类别

1. 碳素结构钢

碳素结构钢广泛应用于一般结构和工程。其产品形式为型钢、钢筋和钢丝。

（1）表示方法

碳素结构钢以屈服点等级为主,划分成 5 个牌号:Q195,Q215,Q235,Q255 和 Q275。质量等级按冲击韧性要求划分为:A,B,C,D 四级。脱氧程度:F(沸腾钢)、b(半镇静钢)、Z(镇静钢)、TZ(特殊镇静钢),牌号中"Z"和"TZ"符号可予以省略。

按以下方法表示:屈服点等级-质量等级-脱氧程度。

（2）技术性能

碳素结构钢化学元素碳、锰、硅、硫、磷的含量,以及屈服强度、抗拉强度、断后伸长率、冲击韧性、冷弯性能应符合国家标准。

随着牌号的增大,钢材的屈服强度和抗拉强度增大,而伸长率降低。Q235 钢的强度适中,有良好的承载性,又具有较好的塑性和韧性,可焊性和可加工性也好,是钢结构常用的牌号。Q235 钢大量制作成钢筋、型钢和钢板用于建造房屋和桥梁等。

2. 低合金高强度结构钢

低合金高强度结构钢是在碳素结构钢的基础上加入总量小于 5% 的合金元素而形成的钢种。

（1）表示方法

低合金高强度结构钢牌号的表示方法与碳素结构钢类似,屈服点等级有 Q345,Q390,Q420,Q450,Q500,Q550,Q620 和 Q690 8 个牌号,质量等级有 A,B,C,D,E 五级。

（2）技术性能

低合金高强度结构钢的化学成分,以及屈服强度、抗拉强度、断后伸长率、冲击韧性、冷弯性能应符合国家标准。

低合金高强度结构钢具有强度高、塑性和韧性好,耐腐蚀性能强,低温性能好,可焊性较好等特点。采用低合金高强度结构钢可以减轻结构自重,节约钢材,经久耐用,特别适合高层建筑、大柱网结构和大跨度结构。Q345 钢的综合性能较好,是钢结构的常用牌号,Q390 也是推荐使用的牌号。

3. 优质碳素结构钢

优质碳素结构钢对有害杂质含量控制更为严格,质量稳定,性能优于碳素结构钢。

优质碳素结构钢分为普通含锰量（0.35%～0.80%）和较高含锰量（0.70%～1.20%）两大组。优质碳素结构钢共有 31 个牌号,表示方法以平均含碳量（以 0.01% 为单位）、含锰量标注、脱氧程度代号组合而成。如:"30"表示平均含碳量为 0.30%,普通含锰量的镇静钢;"45Mn"表示平均含碳量为 0.45%,较高含锰量的镇静钢。

优质碳素钢的性能主要取决于含碳量。含碳量高,则强度高,但塑性和韧性降低。

4. 合金结构钢

合金结构钢共有 77 个牌号,牌号表示按顺序由两位数字、合金元素符号、合金元素平均含量、冶金质量等级等四部分组成。两位数字表示平均含碳量的万分数;当含硅量的上限≤0.45%或含锰量的上限≤0.9%时,不加注 Si 或 Mn,其他合金元素无论含量多少均加注合金元素符号;合金元素平均含量<1.5%者不加注,合金元素平均含量为 1.50%～2.49%,2.50%～3.49%,3.50%～4.49%时,在合金元素符号后面分别加注 2,3,4;优质钢不加注,高级优质钢加注"A",特级优质钢加注"E"。例如:20Mn2,它表示平均含碳量为 0.20%、含硅量上限≤0.45%、平均含锰量为 0.15%～2.49%的优质合金结构钢。

二、钢结构用钢材

热轧型钢（角钢、L 型钢、工字钢、槽钢和 H 型钢）、冷弯薄壁型钢、热（冷）轧钢板和钢管等为钢结构采用的主要钢材品种。

三、钢筋混凝土用钢材

1. 热轧钢筋

热轧直条钢筋是经热轧成型并自然冷却而成的钢筋。普通热轧钢筋按屈服点最低要求分成 4 个强度等级:HPB235,HRB335,HRB400 和 HRB500。

HPB235 是采用 Q235 碳素钢轧制的光圆钢筋,其强度较低,但塑性及焊接性能很好。

HRB335,HRB400 和 HRB500 是采用低合金钢轧制的,表面有两条纵肋和沿长度方向均匀分布的横肋,肋纹可提高混凝土与钢筋的黏结力。HRB335 钢筋的强度较高,塑性和焊接性能也较好,是钢筋混凝土的常用钢筋。

HRB400 级钢筋的性能和应用与 HRB335 级钢筋相近,HRB540 钢筋的强度高,但塑性和可焊性较差。

各级钢筋质量评定指标有屈服强度、抗拉强度、断后伸长率和180°冷弯。

RRB400是余热处理带肋钢筋。余热处理的过程是钢筋经热轧后立即穿水,进行表面控制冷却,然后利用芯部余热自身完成回火处理。

2. 冷轧带肋钢筋

冷轧带肋钢筋是由热轧圆盘条经冷轧而成,表面带有均匀分布的横肋,按最小抗拉强度划分为CRB550,CRB650,CRB800和CRB970 4个级别。冷轧带肋钢筋具有强度高、塑性好、与混凝土黏结牢固、节约钢材、质量稳定等优点。

3. 预应力筋

预应力筋除了上面冷轧带肋钢筋中提到的3个牌号CRB650,CRB800和CRB970外,常用的预应力筋还有钢丝、钢绞线、螺纹钢筋等。

预应力混凝土钢丝与钢绞线具有强度高、柔性好、无接头等优点,且质量稳定,安全可靠,施工时不需冷拉及焊接,主要用作大跨度桥梁、屋架、吊车梁、电杆、轨枕等预应力钢筋。

四、专门结构用钢材

桥梁结构钢的牌号后面以q为标记。桥梁结构钢是专为桥梁结构制造的钢种,具有较高的强度、良好的塑性和韧性、可焊性、较高的疲劳强度和良好的抗大气腐蚀性。

钢轨钢具有较高的强度,其耐磨性、冲击韧性和疲劳强度均较高,还具有良好的耐腐蚀性能,能够承受车轮压力、冲击和磨损的长期作用。钢轨钢分为轻轨和重轨。

第八节 钢材的腐蚀与防护

钢材在大气中的腐蚀,主要形式有化学腐蚀和电化学腐蚀两种类型,但以电化学腐蚀为主。钢材由不同的晶体组织构成,并含有杂质,由于这些成分的电极电位不同,当有电解质溶液(如水)存在时,就在钢材表面形成许多微小的局部原电池。在阳极区铁溶解成铁离子(铁被腐蚀),并放出电子;在阴极区:$2H_2O+2e+(1/2)O_2=2OH^-+H_2O$(消耗电子和氧的还原);在溶液区铁离子和氢氧根反应生成氢氧化铁(铁锈),体积膨胀。

在钢筋混凝土中,通过增加混凝土密实度,适当加大保护层厚度,控制外加剂中氯盐掺量,或者掺加亚硝酸盐等阻锈剂等措施,可以起到防止钢筋锈蚀的目的。

对于刚结构锈蚀,通过采用合金钢、在钢材表面覆盖覆盖的方法可以起到延缓的作用。

第九节 铝及铝合金

铝是一种轻金属,其化合物在自然界中分布极广,地壳中铝的含量约为8.13%(质量),仅次于氧和硅,居第三位。铝被世人称为第二金属,其产量及消费仅次于钢铁。

在铝中加入适量的合金元素,如铜、镁、猛、硅、锌等即可制得铝合金。铝合金不仅强度和硬度比纯铝高很多,而且还能保持铝材的轻质、高延性、耐腐蚀、易加工等优点。

习 题 与 解 答

一、名词解释

1. 生铁与钢　2. 镇静钢　3. 沸腾钢　4. 半镇静钢　5. 碳素钢　6. 合金钢　7. 屈服点(屈服强度)　8. 抗拉强度　9. 伸长率　10. 屈强比　11. 条件屈服点　12. 冷弯性能　13. 冲击韧性　14. 疲劳强度　15. 冷加工(冷加工强化)　16. 时效　17. 冷脆性　18. 时效敏感性　19. 脆性临界温度　20. 热脆性　21. Q235AF　22. 45Mn　23. 钢材的电化学腐蚀

名词解释答案

1. 生铁与钢:生铁是将铁矿石、石灰石、焦炭和少量锰矿石在高炉内,在高温的作用下进行还原反应和其他的化学反应,铁矿石中的氧化铁形成金属铁,然后再吸收碳而成生铁。生铁中含有较多的碳和其他杂质,故生铁硬而脆,塑性差,使用受到很大的限制;钢材是含碳量低于 2% 的铁碳合金,故钢材塑性、韧性好。

2. 镇静钢:镇静钢和特殊镇静钢脱氧比较完全,在冷却和凝固时,没有气体析出,无"沸腾"现象,称为镇静钢。

3. 沸腾钢:沸腾钢脱氧不完全,钢中含氧量较高,浇铸后钢液在冷却和凝固的过程中氧化铁和碳发生化学反应,生成 CO 气体外逸,气泡从钢液中冒出呈"沸腾"状,故称沸腾钢。因仍有不少气泡残留在钢中,故钢的质量较差。

4. 半镇静钢:半镇静钢的脱氧程度和质量介于沸腾钢和镇静钢二者之间。

5. 碳素钢:钢的化学成分中,碳元素对钢的性能起主要作用,其他元素含量不多,也不起主要作用,这种钢称为碳素钢。

6. 合金钢:含有一种或多种特意加入或超过碳素钢限量的化学元素如 Mn、Si、Ti 等,以改善钢的性能,或者使其获得某些特殊性能,这种钢称为合金钢。

7. 屈服点(屈服强度):钢材在拉伸过程中力不增加,仍能继续伸长时的应力,通常取屈服下限所对应的应力,称为屈服点(或屈服强度),用 σ_s 表示。

8. 抗拉强度:钢材拉伸过程中强化阶段最高点对应的应力,称为抗拉强度,用 σ_b 表示。它是钢材抵抗断裂破坏能力的一个重要指标。

9. 伸长率:钢材试件拉断后,标距的塑性变形值($l_u - l_0$)与原标距(l_0)之比,称为伸长率,以 A 表示。

10. 屈强比:屈服强度与抗拉强度之比。

11. 条件屈服点:硬钢在拉伸时没有明显的屈服过程,因此将钢材残余变形达到 0.2% 的应力称为条件屈服点,或名义屈服点。

12. 冷弯性能:钢材在常温下承受弯曲变形的能力。用弯曲角度和弯心直径与试件厚度(或直径)比值表示。

13. 冲击韧性:冲击韧性是指钢材抵抗冲击荷载作用的能力。用冲击韧性值 α_k 表示。

14. 疲劳强度:钢材在交变荷载下,于规定的周期基数内不发生断裂所能承受的最大应力。

15. 冷加工(冷加工强化)：在常温下对钢材进行冷拉、冷拔和冷轧,使之产生塑性变形,从而提高屈服强度,相应降低了塑性和韧性,这种加工方法称为钢材的冷加工(也称冷加工强化)。

16. 时效：随着时间的延长,钢材的屈服强度和强度极限逐渐提高,而塑性和韧性逐渐降低的现象,称为时效。

17. 冷脆性：随环境温度降低,钢的冲击韧性亦降低,当达到某一负温时,钢的冲击韧性值突然发生明显降低,开始呈脆性断裂,这种性质称为钢的冷脆性(或低温冷脆性)。

18. 时效敏感性：因时效而使性能改变的程度为钢材的时效敏感性。

19. 脆性临界温度：钢材发生冷脆性时的温度,称为脆性临界温度。

20. 热脆性：钢材在热加工过程中造成晶粒分离,使钢材断裂,形成热脆现象,成为热脆性。

21. Q235AF：表示屈服强度不低于 235 MPa,由氧气转炉或平炉冶炼的 A 级沸腾碳素结构钢。

22. 45Mn：表示平均含碳量为 0.45%、含锰量较高的镇静优质碳素结构钢。

23. 钢材的电化学腐蚀：由于电化学现象在钢材表面产生局部电池作用的腐蚀,称为钢材的电化学腐蚀。

二、问答题

1. 依据脱氧程度而分类的钢的特点如何？

答：根据冶炼后期加脱氧剂使 FeO 还原成 Fe 过程中的脱氧程度不同,将钢分成沸腾钢、半镇静钢、镇静钢和特殊镇静钢。沸腾钢脱氧不充分,气体杂质多,钢的时效敏感性大、钢的质量较差,性能不稳定,但钢的利用率高,成本低。镇静钢和特殊镇静钢脱氧充分,钢质致密,钢性能稳定,质量好,但成本较高。半镇静钢质量与成本介于上述二者之间。

2. 请叙述钢材拉伸试验的主要技术指标。

答：屈服点、抗拉强度和伸长率,是钢材的三项重要技术性能指标。

屈服点(σ_s)是屈服阶段应力波动的次低值,结构设计时强度取值以它为依据,表示钢材在正常工作状态允许达到的应力值;抗拉强度(σ_b)是钢材抵抗断裂破坏能力的一个重要指标,屈服点和抗拉强度的比值(即屈强比 σ_s/σ_b)反映钢材的安全可靠程度和利用率,屈服点与抗拉强度的比值(σ_s/σ_b)称为屈强比,它反映钢材的利用率和使用中的安全可靠程度。屈强比越小,表明材料的安全性和可靠性越高,材料不易发生危险的脆性断裂。如果屈强比太小,则利用率低,造成钢材浪费;伸长率(A)表示钢材的塑性变形能力,钢材在使用中,要求其塑性良好,即具有一定的伸长率,可以避免正常受力时在缺陷处产生应力集中发生脆断,从而避免钢材提早破坏。同时,钢材加工成一定形状,也要求钢材要具有一定塑性。但伸长率不能过大,否则会使钢材在使用中发生超过允许的变形值。

3. 含碳量与碳素钢内部组织以及性能有何关系？

答：当含碳量为 0.8% 时,钢材的晶体组织为珠光体;当含碳量小于 0.8% 时,内部组织为铁素体和珠光体;当含碳量大于 0.8% 时,内部组织为珠光体和渗碳体。

碳是影响钢材性能的主要元素之一,在碳素钢中随着含碳量的增加,其强度和硬度提高,塑性和韧性降低。当含碳量大于 1% 后,脆性增加,硬度增加,强度下降。含碳量大于

0.3%时钢的可焊性显著降低。此外,含碳量增加,钢的冷脆性和时效敏感性增大,耐大气锈蚀性降低。

4. 请叙述普通碳素钢中的磷、硫或者氮、氧及锰、硅等元素对钢性能的主要影响。

答:磷主要溶于铁素体,常温下钢的塑性和韧性降低,脆性增大。磷在钢中的偏析倾向严重,尤其低温下冷脆性明显增大,降低了可焊性。磷尚能使钢机械强度和切削加工能力增加。

硫以 FeS 夹杂物状态存在,使钢熔点降低,在焊接温度下,易产生热裂纹,增加钢的热脆性。当钢中硫含量增加时,可显著降低钢的可焊性和热加工性能。

氮使钢强度增加,但降低塑性和韧性,增大钢的时效敏感性,尤其低温时显著降低冲击韧性。

氧多以氧化物状态存在于非金属夹杂物中,使钢机械强度降低,韧性显著降低,并有促进时效和增加热脆性作用。

锰固溶于铁素体中,可提高钢的强度,消除硫、氧引起的热脆性。当锰含量为 1%～2%时,珠光体晶粒细化,强度提高,韧性基本不变。

硅大部分溶于铁素体中,当 Si 含量小于 1%时,可提高钢强度,对塑性和韧性影响不大。

5. 为什么要实施钢材的冷加工和时效处理?

答:在常温下将钢材进行机械加工,使其产生塑性变形,以提高其屈服强度的过程称为冷加工(或冷加工强化)。冷加工后的钢材,其屈服点提高而抗拉强度基本不变,塑性和韧性相应降低,弹性模量也有所降低。产生冷加工强化的原因是:钢材在冷加工变形时,由于晶粒间已产生滑移,晶粒形状改变。同时在滑移区域,晶粒破碎,晶格歪扭,从而对继续滑移造成阻力,要使它重新产生滑移就必须增加外力,这就意味着屈服强度有所提高,但由于减少了可以利用的滑移面,故钢的塑性降低。另外,在塑性变形中产生了内应力,钢材的弹性模量降低。

钢材随着时间的延长,钢的屈服强度和抗拉强度提高,而塑性和韧性降低的现象,称为时效。经时效处理的钢筋,其屈服点、抗拉极限提高,塑性和韧性降低。钢材产生时效的原因是由于溶于 α-Fe 晶格中的氮和氧等原子,以 Fe_4N 与 FeO 的形式析出并向缺陷处移动和聚集。当钢材冷加工塑性变形后,或受动载的反复振动,都会促进氮、氧原子的移动和聚集,加速时效的发展,使晶格畸变加剧,阻碍晶粒发生滑移,增加了抵抗塑性变形的能力。

6. 何谓冲击韧性? 影响冲击韧性的主要因素有哪些?

答:冲击韧性是指在冲击振动荷载作用下,钢材吸收能量、抵抗破坏的能力。冲击韧性以冲断试件时单位面积所消耗的功,称为冲击功(值)α_k 来表示。若摆锤式冲击试验机测得冲断试件前后摆锤高为 h_1 和 h_2(m),摆锤重量为 P(N),试件槽口处截面积为 A(cm^2),则试件的冲击韧性为:$\alpha_k = P(h_1 - h_2)/A$,$J/cm^2$。

钢材进行冲击试验,能较全面地反映出材料的品质。钢材的冲击韧性对钢的化学成分、组织状态、冶炼和轧制质量,以及温度和时效等都较敏感。当钢中碳、磷、氮、氧等含量高、晶粒粗大、渗碳体含量高,钢中缺陷和杂质多,以及轧制不均匀、表面不平整、焊接处有热裂纹等情况时,冲击韧性都会降低。除此之外,在低温条件下,或经时效后的钢材,其冲击韧性都降低。

7. 何谓冷脆性和热脆性?

答:钢材中的 P 元素在钢材中容易偏析,使钢材在常温下呈现脆性,称之为冷脆性;而 S,O 等元素生成低共熔化合物,使钢材的焊接和热加工性变差,称之为热脆性。

8. 何谓低温冷脆性、脆性临界温度？

答：随环境温度降低，钢材的冲击值（α_k）亦降低，当达到某一低温时，其 α_k 值显著降低的现象称为钢材的低温冷脆性。出现低温冷脆性时的温度（范围），称为脆性临界温度（范围）。

9. 时效和时效敏感性的概念及其实际意义是什么？

答：随时间的推移，钢材的机械强度提高，而塑性和韧性降低的现象称为时效。因时效作用，钢材 α_k 降低的程度称为钢材的时效敏感性。

承受动荷载的结构，选用钢材时，必须按规范要求测定其 α_k 值。处于低温条件下的钢结构要选用脆性临界温度低于环境最低温度的钢材。若在严寒地区，露天焊接钢结构，受振动荷载作用时，要选用脆性临界温度低和时效敏感性小的钢材。

10. 土木工程中采用哪三大类钢种？试述它们各自的特点和用途。

答：土木工程结构使用的钢材主要由碳素结构钢、低合金高强度结构钢和优质碳素结构钢等三类加工而成。

（1）碳素结构钢

碳素结构钢冶炼方便，成本低廉。塑性好，适宜于各种加工，在各种加工过程中敏感性较小（如轧制、加热或迅速冷却），构件在焊接、超载、受冲击和温度应力等不利的情况下能保证安全；它的力学性能稳定，对扎制、加热、剧烈冷却的敏感性较小；随牌号增加，强度和硬度增加，塑性、韧性和可加工性逐步降低；同一牌号内质量等级越高，钢的质量越好。碳素结构钢可加工成各种型钢、钢筋和钢丝，适用于一般结构和工程。构件可进行焊接、铆接和栓接。

（2）低合金高强度结构钢

在碳素结构钢的基础上加入总量小于 5％的合金元素而形成的钢种。加入合金元素的目的是提高钢材强度和改善性能。常用的合金元素有硅、锰、钛、钒、铬、镍和铜等。大多数合金元素不仅可以提高钢的强度和硬度，还能改善塑性和韧性。低合金高强度结构钢是由氧气转炉、平炉或电炉冶炼，脱氧完全的镇静钢。低合金高强度结构钢共有 5 个牌号。其牌号是由代表屈服强度的字母、下屈服强度数值和质量等级符号几个部分按顺序组成。低合金高强度结构钢除强度高外，还有良好的塑性和韧性，硬度高，耐磨好，耐腐蚀性能强，耐低温性能好。一般情况下，它仍具有较好的可焊性。冶炼碳素钢的设备可用来冶炼低合金高强度结构钢，故冶炼方便，成本低。

采用低合金高强度结构钢可以减轻结构自重，节约钢材 20％～25％，使用寿命增加，经久耐用，特别适合高层建筑、大柱网结构和大跨度结构。

（3）优质碳素结构钢

优质碳素结构钢对有害杂质含量控制严格、质量稳定，性能优于碳素结构钢。优质碳素结构钢按含锰量的不同，分为普通含锰量和较高含锰量两大组。优质碳素结构钢的性能主要取决于含碳量。含碳量高、强度高，但塑性和韧性降低。

优质碳素结构钢成本高，在预应力钢筋混凝土中用 45 号钢作锚具，生产预应力钢筋混凝土用的碳素钢丝、刻痕钢丝和钢绞线用 65～80 号钢。

11. 试述钢材腐蚀的原因，如何防止钢结构和钢筋混凝土中钢筋的腐蚀？

答：钢材受腐蚀的原因很多，可根据其与环境介质的作用分为化学腐蚀和电化学腐蚀两类。

化学腐蚀指钢材与周围介质（如氧气、二氧化碳、二氧化硫和水等）直接发生化学作用，生成疏松的氧化物而引起的腐蚀。在干燥环境中化学腐蚀的速度缓慢,但在干湿交替的情况下腐蚀速度大大加快。

钢材由不同的晶体组织构成,并含有杂质,由于这些成分的电极电位不同,当有电解质溶液(如水)存在时,就在钢材表面形成许多微小的局部原电池。反应生成疏松易剥落的红棕色铁锈。

钢材在大气中的腐蚀,实际上是化学腐蚀和电化学腐蚀同时作用所致,但以电化学腐蚀为主。

目前所采用的防腐蚀方法有如下几种:

合金化:在碳素钢中加入能提高抗腐蚀能力的合金元素,如铬、镍、锡、钛和铜等,制成不同的合金钢,能有效地提高钢材的抗腐蚀能力。

金属覆盖:用耐腐蚀性能好的金属,以电镀或喷镀的方法覆盖在钢材的表面,提高钢材的耐腐蚀能力。如镀锌、镀铬、镀铜和镀镍等。

非金属覆盖:在钢材表面用非金属材料作为保护膜,与环境介质隔离,以避免或减缓腐蚀。如喷涂涂料、搪瓷和塑料等。

一般混凝土配筋的防锈措施是:保证混凝土的密实度,保证钢筋保护层的厚度和限制氯盐外加剂的掺量或使用防锈剂等。

12. 碳素结构钢的牌号如何表示?为什么 Q235 钢被广泛用于建筑工程中?

答:碳素结构钢都由氧气转炉、平炉或电炉冶炼,其牌号由代表屈服强度的字母、下屈服强度数值、质量等级符号、脱氧程度符号等 4 个部分按顺序组成。例如:Q235A. F。它表示屈服强度为 235 MPa,由氧气转炉或平炉冶炼的 A 级沸腾碳素结构钢。碳素结构钢分为 Q195,Q215,Q235,Q255,Q275 等 5 种牌号。

工程中广泛应用的碳素钢是 Q235 钢。主要是因它的屈服点、韧性、塑性和可焊性等综合性能比较符合建筑用钢的要求。

13. 在土木工程中选用碳素结构钢应考虑的条件?哪些条件下不能选用沸腾钢?

答:钢结构用碳素结构钢的选用大致根据下列原则:以冶炼方法和脱氧程度来区分钢材品质,选用时应根据结构的工作条件、承受荷载的类型(动荷载、静荷载)、受荷方式(直接受荷、间接受荷)、结构的连接方式(焊接、非焊接)和使用温度等因素综合考虑,对各种不同情况下使用的钢结构用钢都有一定的要求。

对于沸腾钢,在下列条件下应限制其使用:动荷载焊接钢结构;动荷载非焊接钢结构,但其计算温度低于-20℃时;静荷载或间接动荷载作用,计算温度低于-30℃的焊接钢结构。

三、填空题

1. 土木工程用碳素结构钢的含碳量一般_____,随含碳量增加,强度和硬度越_____,塑性越_____。

2. 炼钢过程中,生铁中的碳和其他杂质被氧化成_____或_____进入渣中除去。由于部分铁也被同时氧化成_____,因其影响钢质量而加入_____除氧。

3. 钢材中含有害元素_____、_____较多呈热脆性,含有害元素_____较多呈冷脆性。

4. 软钢是以_____强度,硬钢是以_____强度,作为设计计算取值的依据。

5. 屈强比反映钢材的_____和_____。结构设计时屈服强度是确定钢材_____的主要依据。

6. 冷加工后的钢材随时间增长,钢材的强度、硬度提高,塑性、韧性下降的现象被称为钢材的_____。

7. 热轧带肋钢筋冷弯试验规定弯曲角度为_____,经规定的弯曲角度后,观察弯曲处外面及侧面有无_____、_____或_____来评定的。

8. 用于我国北方地区的钢材必须检验_____性,此时选用的钢材,其_____温度应比环境温度低。

9. 15F 表示含碳量为_____的_____钢。脱氧程度为_____。

10. 建筑钢材主要用于_____、_____。

11. 普通碳素结构钢,按_____强度的不同,分为_____个牌号,随着牌号的降低,_____和_____提高,_____和_____降低。

12. 钢材的冷弯性能用_____以及_____与_____的比值来表示。反映钢材刚度的指标是_____。

13. 在交变应力作用下的结构构件,钢材往往在应力远小于抗拉强度时发生断裂,这种现象称为钢材的_____。

14. 合金元素加入碳素钢中可以起到_____与_____。

15. 经冷加工处理的钢筋,表现出_____提高_____基本不变,而_____和_____相应降低。

16. 钢材的可焊性,主要受_____及其_____的影响,当含碳量超过_____或含有较多的_____时,可焊性变差。同时杂质含量的增多及_____元素含量较高时也可降低可焊性。

17. 热轧钢筋的质量指标项目有_____、_____、_____和_____等 4 项指标要求,据此可评定钢筋的级别,随级别的增大,其强度_____,塑性_____。

18. 在受振动冲击荷载作用下的重要结构(吊车梁,桥梁)选用钢材时要注意选用_____较大,时效敏感性_____的钢材。

19. 钢牌号 Q255B 表示_____、_____、_____、_____。

20. 热处理是将钢材在_____内进行加热、保温和冷却,以改变其金相组织和显微结构组织,从而获得所需性能的一种工艺过程。常用的热处理工艺有_____、_____。

填空题答案

1. 小于 0.8%,高,低　2. 气体逸出,氧化物,氧化亚铁,脱氧剂　3. 硫,氧,磷　4. 屈服点(σ_s),条件屈服点($\sigma_{0.2}$)　5. 利用率,安全可靠性,容许应力　6. 时效　7. 180°,裂纹,起层,断裂　8. 冷脆,脆性临界　9. 0.15%,优质碳素结构,沸腾钢　10. 钢结构,钢筋混凝土　11. 屈服,5,塑性,韧性,强度,硬度　12. 弯曲角度,弯心直径,钢材直径或厚度,弹性模量　13. 疲劳破坏　14. 固溶强化,细化晶粒　15. 屈服强度,抗拉强度,塑性,韧性　16. 含碳量,硫含量,0.3%,硫,合金　17. 屈服强度,抗拉强度,伸长率,冷弯性能,增大,降低

18. 冲击韧性,小　**19.** 碳素结构钢,屈服强度 255 MPa,镇静钢,质量等级 B 级　**20.** 固态范围,退火和正火,淬火和回火

四、选择题

1. 钢筋冷拉后_____强度提高;钢筋冷拉并时效后_____强度提高。
　　A. σ_s;　　　　　B. σ_b;　　　　　C. σ_s 和 σ_b。

2. 钢结构设计时,对直接承受动荷载的结构应选用_____。
　　A. 平炉或氧气转炉镇静钢;　　　　B. 平炉沸腾钢;
　　C. 氧气转炉半镇静钢。

3. 一般强度较低的钢筋采用_____即可达到时效目的,而强度较高的钢筋对_____几乎无反应,必须进行_____。
　　A. 自然时效;　　B. 人工时效;　　C. 时效。

4. 既能揭示钢材内部组织缺陷又能反映钢材在静载下的塑性的试验是_____。
　　A. 拉伸试验;　　B. 冷弯试验;　　C. 冲击韧性试验。

5. 脱氧充分的钢液浇铸的钢锭称为_____。
　　A. 结构钢;　　B. 特类钢;　　C. 镇静钢;　　D. 沸腾钢。

6. 疲劳破坏是_____断裂。
　　A. 脆性;　　　　B. 塑性;　　　　C. 韧性。

7. 对承受冲击及振动荷载的结构不允许使用_____。
　　A. 冷拉钢筋;　　B. 热轧钢筋;　　C. 热处理钢筋。

8. 冷轧钢筋按其机械性能划分级别,随级别增大,表示钢材_____。
　　A. 强度增高,伸长率降低;　　　　B. 强度增大,伸长率增大;
　　C. 强度降低,伸长率降低;　　　　D. 强度降低,伸长率增大。

9. 钢结构设计时,对直接承受动荷载的结构,应选用_____。
　　A. 镇静钢;　　　B. 沸腾钢;　　　C. 半镇静钢。

10. 热轧钢筋按其机械性能分级,随级别增大,表示钢材_____。
　　A. 强度增高,伸长率降低;　　　　B. 强度降低,伸长率增大;
　　C. 强度增高,伸长率增大。

11. 热轧光圆直条钢筋是用_____轧制的。
　　A. 碳素结构钢 Q235;　　　　　　B. 低合金结构钢;
　　C. 优质碳素结构钢;　　　　　　D. 高级优质结构钢。

12. 热轧带肋钢筋是用_____轧制的。
　　A. 碳素结构钢 Q235;　　　　　　B. 低合金结构钢;
　　C. 优质碳素结构钢;　　　　　　D. 高级优质结构钢。

13. 防止混凝土中钢筋锈蚀的主要措施是_____。
　　A. 钢筋表面油漆;　　　　　　　　B. 钢筋表面用碱处理;
　　C. 提高混凝土的密实度、保证混凝土的覆盖厚度。

14. 碳素钢牌号增大,表示强度_____,伸长率_____。
　　A. 增大;　　　B. 降低;　　　C. 基本不变;　　　D. 不确定。

15. 某结构计算用钢材的屈服强度达 Q235 即可,该结构为处于严寒地区露天的焊接钢结构,应优先选_____钢。

    A. Q235A;   B. Q235B;   C. Q235D;   D. Q235C。

16. 钢材中 C 含量低时,则其_____。

    A. 强度高,韧性好;   B. 强度高,韧性差;

    C. 强度低,韧性低;   D. 强度低,韧性好。

17. 钢材经过冷加工后,钢材的_____。

    A. 抗拉强度提高,韧性增大;   B. 屈服强度减小,韧性增大;

    C. 屈服强度增大,韧性减小;   D. 强度减小,韧性减小。

18. _____是钢材中的有害元素,在钢材中偏析严重,影响塑性。

    A. 硅;   B. 锰;   C. 碳;   D. 磷。

19. 和 Q275 钢相比,Q235 钢_____。

    A. 强度高,韧性好;   B. 强度高,韧性差;

    C. 强度低,韧性好;   D. 强度低,韧性差。

20. 对同样尺寸的钢材,冷弯性能好的,应能经受_____的冷弯试验而不破坏。

    A. 弯曲角大,弯心直径大;   B. 弯曲角大,弯心直径小;

    C. 弯曲角小,弯心直径大;   D. 弯曲角小,弯心直径小。

21. 严寒地区室外承受冲击荷载的结构,宜选用_____的钢材。

    A. 化学偏析小,时效敏感性大;   B. 化学偏析小,时效敏感性小;

    C. 化学偏析大,时效敏感性大;   D. 化学偏析大,时效敏感性小。

22. 从钢材的脱氧程度看,含氧量最高的钢种为_____。

    A. 沸腾钢;   B. 镇静钢;   C. 半镇静钢;   D. 特殊镇静钢。

23. 冷弯试验除了可评价钢材的焊接性能外,还可评价钢材的_____。

    A. 强度;   B. 冷脆性;   C. 塑性变形能力;   D. 时效敏感性。

24. 梁结构钢除了必须具有较高的强度外,还要求有良好的塑性、韧性、可焊性及较高的疲劳强度,具有良好的抗大气腐蚀性。下列_____是常用的桥梁结构用钢。

    A. Q345q;   B. Q345;   C. Q235;   D. Q235q。

选择题答案

1. A,C **2.** A **3.** A,B **4.** B **5.** C **6.** A **7.** A **8.** A **9.** A **10.** A **11.** A **12.** B **13.** C **14.** A,B **15.** C **16.** D **17.** C **18.** D **19.** C **20.** B **21.** B **22.** A **23.** C **24.** A

五、是非题(正确的写"T",错误的写"F")

1. 建筑钢材由于含碳量较低,故其晶体组织在常温下为铁素体和珠光体。(   )

2. 碳素钢的含碳量在小于 1.0% 以内时,钢的抗拉强度随含碳量的增加而提高,而当含 $C > 1.0\%$ 时,正好相反。(   )

3. 在结构设计时,弹性极限是确定钢材容许应力的主要依据。(   )

4. 钢材的屈强比越小,表示结构使用中安全可靠性越高。(   )

5. 钢的含碳量增加，可焊性降低，增加冷脆性和时效敏感性，降低抗大气腐蚀性。（　　）

6. 钢材的断后伸长率由于是钢筋拉伸前后长度变化的相对值（$\Delta L / L$），所以其值与钢筋的原始长度无关。（　　）

7. A 是表示钢筋拉伸时标距长度为钢筋直径（或钢板厚度）的 5 倍。（　　）

8. 同样的钢筋作拉伸试验时，其伸长率 $A_{11.3}$ 大于 A。（　　）

9. 钢材的韧性随含 P 量的增加而下降。（　　）

10. 钢材的低温冲击性能越好，说明钢材的有害杂质含量越低。（　　）

11. 时效敏感性越大的钢材，经时效以后，其冲击韧性降低越显著。（　　）

12. 水和氧是钢材产生电化学腐蚀的必要条件。（　　）

13. 钢材焊接时产生热裂纹，主要是由于含硫或氧较多引起的。（　　）

14. 冷加工强化使钢的弹性模量也同时上升。（　　）

15. 淬火的目的是得到高强度、高硬度的组织，但钢的塑性和韧性显著降低。（　　）

16. 钢筋与混凝土的线膨胀系数比较相近，故二者可以共同工作。（　　）

17. 土木工程中最常用的碳素结构钢是 Q275。（　　）

18. 碳素结构钢和高强低合金结构钢的质量等级除了对有害杂质提出具体限值外，对含碳量也有限值要求。（　　）

19. 所有牌号的高强低合金结构钢，其屈服点都高于各牌号的碳素结构钢。（　　）

20. 钢材的牌号越高，则含碳量越高，P 和 S 的含量越低。（　　）

21. 建筑钢材的牌号是依据其极限抗拉强度划分的。（　　）

22. 合金元素掺入钢材中可使钢材的性能改善。（　　）

是非题答案

1. T **2.** T **3.** F **4.** T **5.** T **6.** F **7.** T **8.** F **9.** T **10.** T **11.** T **12.** T **13.** T **14.** F **15.** T **16.** T **17.** F **18.** T **19.** T **20.** F **21.** F **22.** T

六、计算题

某工程采购一批直径为 16 mm 的热轧带肋钢筋，从中抽取 2 根，每根钢筋截取两段分别用于拉伸和冷弯试验。先用打点机打上原始标距共计 6 个点，每个点相距 16 mm。然后进行拉伸试验，测得结果见下表：

试件 1	屈服点 1/kN	屈服点 2/kN	抗拉极限 1/kN	抗拉极限 2/kN	断后标距 1/mm	断后标距 2/mm
试件 2	86.0	82.5	112.0	120.5	97.2	98.9

2 根钢筋的冷弯试验全部合格。请评定该批钢筋质量。

解：公称直径为 16 mm 的钢筋，其公称面积为 201.0 mm²。

下屈服强度：$R_{eL} = F_{eL}/S_0 = 86.0 \times 1\,000/201.0 = 428$ MPa，修约后 $R_{eL} = 430$ MPa

$82.5 \times 1\,000/201.0 = 410$ MPa，修约后 $R_{eL} = 410$ MPa

抗拉强度：$R_m = F_m/S_0 = 112.0 \times 1\,000/201.0 = 557$ MPa，修约后 $R_m = 555$ MPa

$$120.5 \times 1\,000/201.0 = 560 \text{ MPa},\text{修约后 } R_m = 560 \text{ MPa}$$

断后伸长率：$A = (l_u - l_0)/l_0 = (97.2 - 80)/80 = 21.5\%$

$$(98.9 - 80)/80 = 23.6\%$$

因 $R_{eL} > 335 \text{ MPa}$，$R_m > 490 \text{ MPa}$，$A > 16\%$。

故根据国家标准 GB1499—1998，该钢筋的力学性能和冷弯性能均符合牌号 HRB335 钢筋的技术要求，质量合格。

屈强比：$R_{eL}/R_m = [(430 + 410) \div 2]/[(555 + 560) \div 2] = 0.75$

该钢筋的屈强比 $= 0.75$，表明其利用率较高，使用中安全可靠程度良好。

第二章 木 材

重点知识提要

第一节 概　述

　　木材是当今四大建筑材料(钢材、水泥、木材、塑料)中唯一可再生,又可多次循环利用的天然资源,而其他矿产资源都是不可再生的。

　　木材具有比强度大、弹性韧性好、导热性低、在适当的保养下有较好的耐久性、纹理美观色调温和、易于加工、绝缘性好、无毒性等优点;但也受到各向异性、湿胀干缩大、天然缺陷较多、耐火性差、使用不当时易腐朽虫蛀等缺点的限制。

第二节 木材的分类和构造

一、分类

　　阔叶树树叶宽大、叶脉成网状,树干通直部分一般较短,枝杈较大数量较少。相当数量阔叶材的材质重硬而较难加工,故阔叶材又称硬材。阔叶材强度高,胀缩变形大,易翘曲开裂。阔叶材板面通常较美观,具有很好的装饰作用,适用于室内装修及胶合板等。

　　针叶树树叶如针状或鳞片状,树干通直高大,枝杈较小分布较密,易得大材,其纹理顺直,材质均匀。大多数针叶材的木质较轻软而易于加工,故针叶材又称软材。针叶材强度较高,胀缩变形较小,耐腐蚀性强,建筑上广泛用作承重构件和装修材料。

二、宏观构造

　　木材为非均质材料,一般将木材通过三个方向的切面来分析起构造:横切面(垂直于树轴的切面)、径切面(通过树轴的纵切面)、弦切面(平行于树轴的切面)。

　　观察横切面:树木由树皮、木质部、年轮、髓心和髓线所组成。髓心位于树干中心,由最早生成的细胞所构成;其质地疏松而脆弱,易被腐蚀虫蛀。木质部位于髓心和树皮之间的部分,是土木工程材料使用的主要部分。

　　树木一年仅有一度生长,所产生的一层木材环轮称为一个年轮。同一年轮中,春天生长的木质较松、色浅,称为早材或春材;夏秋生长的木质较密、色深,称为晚材或夏材。

有些树种在横切面上,材色可分为内浅、外深两大部分,分别称为边材和心材。与边材相比,心材中有机物积累多,含水量少,不易翘曲变形,耐腐蚀性好。

三、微观结构

木材是由无数管状细胞紧密结合而成,它们绝大部分沿树干的纵向排列。每一个细胞分为细胞壁和细胞腔两部分。细胞壁由纤维素、半纤维素和木质素组成,大多数纤维素沿细胞长轴呈小角度螺旋状成束排列,纤维素束由无定型的木质素将其黏结而构成细胞壁。

木材的细胞壁愈厚,腔愈小,木材愈密实,木材愈密实,强度也愈大,但胀缩也大。

四、木材的缺陷

木材的缺陷主要是在木材生长、采伐、储运、加工和使用过程中产生的。主要有节子、裂纹、夹皮、斜纹、弯曲、伤疤、腐朽和虫害等。这些缺陷不仅降低木材的力学性能,而且影响木材的外观质量。其中,节子、裂纹和腐朽对材质的影响最大。

节子为埋藏在树干中的枝条。活节由活枝所形成,与周围木质紧密连生在一起,质地坚硬,构造正常。死节由枯枝所形成,与周围木质大部或全部脱离,影响木材性能。

木材内部纤维与纤维之间的分离所形成的缝隙称为裂纹。从髓心沿半径方向开裂的裂纹称为径裂,沿年轮方向开裂的裂纹称为轮裂,纵裂是沿材身顺纹理方向、由表及里的径向裂纹。裂纹破坏了木材的完整性,影响木材的利用率和装饰价值,降低木材的强度,也是真菌侵入木材内部的通道。

第三节 木材的性质

一、含水率

木材中所含水分可分为自由水和吸附水两种。

1. 自由水

存在于木材细胞腔和细胞间隙中的水分,其受到木材组织约束力极小。自由水仅影响木材的表观密度、保存性、抗腐蚀性和燃烧性。

2. 吸附水

被吸附在细胞壁基体相中的水分。水分进入木材后首先被吸入细胞壁。吸附水是影响木材强度和胀缩的主要因素。

当木材中自由水蒸发完而吸附水处于饱和时,木材的含水率称为纤维饱和点,其值一般在 $25\%\sim35\%$ 之间。纤维饱和点是木材物理力学性质变化的转折点。

木材含水率随周围空气的温湿度变化而变化。木材含水率与周围空气的温湿度达到平衡时的含水率称为平衡含水率。

二、湿胀与干缩

木材具有显著的湿胀干缩性。当木材从干燥状态吸水至纤维饱和点时,细胞壁开始吸水木材体积膨胀;当含水率增加到木材纤维饱和点时,水分开始进入细胞腔而成为自由水,此时水分增加不会引起木材体积膨胀。反之,干燥时首先为自由水蒸发,直到纤维饱和点,继续干燥则吸附水蒸发,引起体积收缩。

由于木材构造不均匀,各方向、各部位胀缩也不同,其中弦向最大,径向次之,纵向最小;边材胀缩大于心材。干缩会使木材翘曲开裂、接榫松弛、拼缝不严,湿胀则造成凸起。因此,在木材加工制作前必须预先将其干燥至比使用地区平衡含水率低 2%～3% 为好。

三、木材的强度

1. 木材的各种强度比较

木材的顺纹抗拉强度在木材中强度最大。

顺纹抗压强度大于横纹抗压强度,横纹中径向抗压强度最小。

木材的抗弯强度介于顺纹抗拉强度和顺纹抗压强度之间,属于比较高的。

木材的横纹切断强度＞顺纹剪切强度＞横纹剪切强度。一般木材的顺纹剪切强度和横纹剪切强度高于横纹抗拉强度。用于土木工程的木构件受剪较为少见。

2. 影响木材强度的主要因素

含水量对木材强度影响极大。在纤维饱和点以下时,水分减少,抗弯和顺纹抗压强度明显提高,但对顺纹抗拉和顺纹抗剪强度影响很小;水分增多,则强度相应降低。为了正确评定木材的强度,应根据实测含水率(w)将强度按换算成标准含水率(12%)时的强度值 $\sigma_{12} = \sigma_w[1+\alpha(w-12)]$。

木材强度随荷载时间的增长而降低,木材的持久强度仅为极限强度的 50%～60%。木材的缺陷影响了木材材质的均匀性,破坏了木材的构造,从而使木材的强度降低,其中,对抗拉和抗弯强度影响最大。温度升高,也将造成木材强度降低。

第四节　木材的防护

木材由真菌(木腐菌)在木材中寄生而引起腐朽和虫害引起的蛀蚀,是木材腐蚀的主要原因。

对木材进行干燥、涂料覆盖、化学防腐等处理,可以达到防腐防虫的目的。对木材进行干燥处理,还可提高强度,防止收缩、开裂和变形。

易燃是木材最大的缺点,对木材进行浸渍、涂刷或喷洒防火涂料等防火处理。

第五节　木材产品

木材初级产品按加工程度和用途不同,分为圆条、原木、锯材(方材、板材)。

人造板材有装饰单板、胶合板、纤维板、刨花板、木丝板、木屑板、细木工板等。

胶合板又称层压板,它是将原木轮旋切成大张薄片,由一组单板(单数)按相邻层木纹方向互相垂直组坯经热压胶合而成的板材。按其性能分为:耐气候、耐水、耐潮和不耐潮胶合板。胶合板消除了天然缺陷、各向异性小、材质均匀、强度较高、幅面宽大、产品规格化,常用作室内高级装修。

习 题 与 解 答

一、名词解释

1. 针叶树　2. 阔叶树　3. 髓线　4. 髓心　5. 木质部　6. 年轮　7. 春材　8. 夏材
9. 吸附水　10. 自由水　11. 纤维饱和点　12. 标准含水率　13. 持久强度　14. 节子
15. 裂纹　16. 胶合板　17. 细木工板　18. 复合地板

名词解释答案

1. 针叶树：针叶树树叶如针状或鳞片状,树干通直高大,枝杈较小、分布较密,易得大材,其纹理顺直,材质均匀。

2. 阔叶树：阔叶树树叶宽大、叶脉成网状,树干通直部分一般较短,枝杈较大数量较少。相当数量阔叶材的材质重硬而较难加工,故阔叶材又称硬材。

3. 髓线：髓线(又称木射线)由横行薄壁细胞组成。它是以髓心为中心向外呈放射状分布的线条。

4. 髓心：髓心位于树干的中心部位,由最早生成的细胞所构成,质地疏松而脆弱,容易被虫蛀和腐蚀。

5. 木质部：木质部是位于髓心和树皮之间的部分,是土木工程材料使用的主要部分。

6. 年轮：树木生长呈周期性,在一年内所产生的一层木材环轮称为一个生长轮又称为年轮。

7. 春材：在同一年轮内,春天细胞分裂速度快,细胞腔大壁薄,故春天生长的木质,质较软,色较浅,强度低,称为早材或春材。

8. 夏材：在同一年轮内,夏秋两季细胞分裂速度慢,此季生长的木质,质坚硬,色较深,强度高,称为晚材或夏材。

9. 吸附水：被吸附在细胞壁基体相中的水分,称为吸附水。

10. 自由水：存在于木材细胞腔和细胞间隙中的水分,称为自由水。

11. 纤维饱和点：湿木材在空气中干燥时,当自由水蒸发完毕而吸附水尚处于饱和状态时,此时木材的含水率称为纤维饱和点。

12. 标准含水率：为了正确判断木材的强度和比较试验结果,规定12%的含水率为木材的标准含水率。

13. 持久强度：木材在长期荷载作用下所能承受的最大应力称为持久强度。

14. 节子：埋藏在树干中的枝条称为节子。活节由活枝条所形成,与周围木质紧密连生在一起,质地坚硬,构造正常。死节由枯死枝条所形成,与周围木质大部或全部脱离,质地坚硬或松软,在板材中有时脱落而形成空洞。材质完好的节子称为健全节,腐朽的节子称为腐朽节,漏节不但节子本身已经腐朽,而且深入树干内部,引起木材内部腐朽。

15. 裂纹：木材纤维与纤维之间分离所形成的缝隙称为裂纹。在木材内部,从髓心沿半径方向开裂的裂纹称为径裂,沿年轮方向开裂的裂纹称为轮裂,纵裂是沿材身顺纹理方向、由表及里的径向裂纹。

16. 胶合板:由一组单板按相邻层木纹方向互相垂直组坯经热压胶合而成的板材。

17. 细木工板:细木工板是一种夹心板、芯板用木板条拼接而成,两个表面胶贴木质单板,经热压粘合而成。

18. 复合地板:由两层或多层板材经热压胶合而成的木地板。

二、问答题

1. 简述木材的优缺点。

答:木材具有以下的优点:

① 比强度大,具有轻质高强的特点;

② 弹性韧性好,能承受冲击和振动作用;

③ 导热性低,具有较好的隔热、保温性能;

④ 在适当的保养条件下,有较好的耐久性;

⑤ 纹理美观、色调温和、风格典雅,极富装饰性;

⑥ 易于加工,可制成各种形状的产品;

⑦ 绝缘性好、无毒性;

⑧ 木材的弹性、绝缘性和暖色调的结合给人以温暖和亲切感。

木材的缺点主要有以下几方面:

① 构造不均匀,呈各向异性;

② 湿胀干缩大,处理不当易翘曲和开裂;

③ 天然缺陷较多,降低了材质和利用率;

④ 耐火性差,易着火燃烧;

⑤ 使用不当,易腐朽、虫蛀。

2. 请从横切面分析木材的构造及其与木材性质的关系。

答:从横切面观察,由外而内为树皮、木质部和髓心。

树皮由外皮、软木组织和内皮组成;髓心位于树干的中心,由最早生成的细胞所构成,其质地疏松而脆弱,易被腐蚀和虫蛀;木质部是木材的主体。其中,靠近髓心的色深部分称为心材,靠近树皮色浅部分称边材。心材材质密、强度高、变形小;边材含水量大,变形大。靠近年轮内环的称春材(早材),外环为夏材(晚材)。夏材是夏秋生长的,细胞壁厚,质坚硬,色稍深。故含夏材率高的木材,其体积密度大,强度高。年轮均匀细密,夏材含量高,则木材的强度高。

3. 请叙述木材的微观构造。

答:木材是由无数管状细胞紧密结合而成。它们绝大部分沿树干的轴向排列,少数横向排列。每一个细胞由细胞壁和中央的细胞腔两部分组成。细胞壁由纤维素(约占 1/2),半纤维素(约占 1/4)和木质素(约占 1/4)组成。纤维素为长链分子,大多数纤维素沿细胞长轴呈小角度螺旋状成束排列。半纤维素的化学结构类似纤维素,但链较短。木质素是一种无定形物质,为细胞的基体相,其作用是将纤维素和半纤维素黏结在一起,构成坚韧的细胞壁,使木材具有强度和刚度。木材的细胞壁愈厚,腔愈小,木材愈密实,强度也愈大,但胀缩也大。

细胞因功能不同,可分为许多种;树种不同,其构成细胞也不同。针叶树主要由管胞组成,它占木材总体积的 90% 以上,起支撑和输送养分的作用;另有少量纵行和横行薄壁细胞起储存和输送养分作用。阔叶树由导管分子、木纤维、纵行和横行薄壁细胞组成。导管分子是构成导管的一个细胞,导管约占木材体积的20%。木纤维是一种壁厚腔小的细胞,起支撑作用,其体积占木材体积50%以上。

4. 什么是纤维饱和点、平衡含水率和标准含水率? 它们在实际使用中有何意义?

答:木材的纤维饱和点,是指木材的细胞壁中吸附水达饱和状态,而细胞腔及细胞间隙中不含自由水时的含水率。它是木材变形、强度等主要性质受含水变化影响的转折点。

平衡含水率是指在一定温度、湿度环境下,木材吸湿和蒸发达到动态平衡,内部含水率不再发生变化,此时的含水率为平衡含水率。在工程中,应使用达到平衡含水率的木材,从而使其性能基本保持稳定。

规定含水率为12%时为木材强度的标准含水率。此状态下的木材强度为标准强度。以此判断木材的强度和比较试验结果。

5. 请说明木材在吸湿或干燥过程中体积变化的规律。

答:湿材置于干燥的环境下,木材的水分会向周围空气中蒸发。自由水首先蒸发,它对木材的体积影响甚微;当自由水蒸发完毕,而吸附水尚处于饱和的状态,此时的木材含水率称为纤维饱和点,其大小随树种而异,通常在30%左右。进一步干燥时,吸附水开始蒸发,此时含水率变化即吸附水含量的变化将对木材体积等产生较大的影响。

6. 影响木材强度的因素有哪些? 是如何影响的?

答:影响木材强度的主要因素有:

(1)含水率

木材含水率对强度影响极大。在纤维饱和点以下时,水分减少,细胞壁变得更密实,则木材多种强度增加,其中抗弯和顺纹抗压强度提高较明显,对顺纹抗拉强度影响最小。在纤维饱和点以上,强度基本为一恒定值。

(2)环境温度

温度对木材强度有直接影响。试验表明,温度从25℃升至50℃时,将因木纤维和木纤维间胶体的软化等原因,使木材抗压强度降低20%～40%,抗拉和抗剪强度下降12%～20%。此外,木材长时间受干热作用可能出现脆性。在木材加工中,常通过蒸煮的方法来暂时降低木材的强度,以满足某种加工的需要(如胶合板的生产)。

(3)外力作用时间

木材极限强度表示抵抗短时间外力破坏的能力,木材在长期荷载作用下所能承受的最大应力称为持久强度。由于木材受力后将产生塑性流变,使木材强度随荷载时间的增长而降低,木材的持久强度仅为极限强度的50%～60%。

(4)木材使用时间

经过多年自然界各种因素的影响,早材变得松散而晚材仍较好,中心部分材质变化较小而外围部分的材料性质变化较大。与现代同树种木材强度相比较,其顺纹抗压强度降低了19%,横纹抗压强度降低了80%,顺纹抗拉强度降低了50%,弯曲强度降低了15%。

(5)缺陷

木材的强度是以无缺陷标准试件测得的,而实际木材在生长、采伐、加工和使用过程中会产生一些缺陷,如木节、裂纹和虫蛀等,这些缺陷影响了木材材质的均匀性,破坏了木材的构造,从而使木材的强度降低,其中对抗拉和抗弯强度影响最大。

除了上述影响因素外,树木的种类、生长环境、树龄以及树干的不同部位均对木材强度有影响。

7. 请比较木材湿胀干缩的方向性。

答:由于木材构造不均匀,各方向、各部位胀缩也不同,其中弦向最大,径向次之,纵向最小,边材大于心材。一般新伐木材完全干燥时,弦向收缩 6‰～12‰,径向收缩 3‰～6‰,纵向收缩 0.1‰～0.3‰,体积收缩 9‰～14‰。

8. 请叙述木材腐朽的原因。

答:木材腐朽的原因是木材受到真菌侵害,侵蚀木材的真菌有 3 种,即霉菌、变色菌和木腐菌。对木材力学性质影响最大的是木腐菌,木腐菌能分泌酶,将细胞壁物质分解成可以吸收的养料,供自身生长发育,致使木材腐朽。

真菌在木材中生存繁殖的条件是适宜的水分、空气和温度。一般处于 25℃～30℃、含水率 30‰～50‰、有空气的条件下,真菌繁殖非常迅速。

三、填空题

1. 一般树木每年生长一个年轮,由春材和夏材组成,春季长的为春材,夏秋二季长的为夏材,夏材木质色_____,木质_____。

2. 夏秋两季细胞分裂速度慢,细胞_____,构成的木质较_____,胀缩变形_____。

3. 在木材的径切面上出现的纤维排列与中轴方向不一致所出现的倾斜纹理称为_____,它主要降低木材_____。

4. _____含量的变化将会导致木材纤维之间距离的改变,使细胞壁的厚度和细胞的体积发生改变,在宏观上表现为木材具有显著的干燥收缩、吸湿膨胀的性能。

5. 吸附水存在于木材的_____内,吸附水的变化是影响木材_____和_____的主要因素,_____是木材物理力学性质是否随含水量变化的转折点。

6. 干燥的木材吸潮时,首先吸入的是_____,因此木材的_____将_____,强度_____,当含水量达到纤维饱和点时,再继续吸潮,_____不变,木材的强度_____。

7. 木材由于构造的各向异性,各方向上的湿胀干缩也不相同,其中_____向胀缩最小,_____向较大,_____向最大。

8. 木材防腐通常采用两种方式,第一种是物理方法:创造条件使木材不适于_____,主要是将木材含水率干燥至_____,使用环境注意_____,第二种形式是_____。

填空题答案

1. 深,坚硬　2. 腔小壁厚,致密,大　3. 斜纹,强度　4. 吸附水　5. 细胞壁,强度,湿胀干缩,木材纤维饱和点　6. 吸附水,体积,膨胀,下降,体积,不变　7. 纵,径,弦　8. 腐蚀菌生存和繁殖,20‰以下,通风除湿,化学防腐

四、选择题

1. 木材种类很多,按树种分针叶树和阔叶树两大类,_____属于阔叶树。

    A. 红松；   B. 杉木；   C. 水曲柳；   D. 樟木。

2. 针叶树适合作_____，阔叶树适合作_____。

    A. 承重构件；   B. 装修材料；   C. 胶合板；   D. 细木工板。

3. 木材在不同受力方式下的强度值，存在如下关系_____。

    A. 抗弯强度＞抗压强度＞抗拉强度＞抗剪强度；

    B. 抗压强度＞抗弯强度＞抗拉强度＞抗剪强度；

    C. 抗拉强度＞抗弯强度＞抗压强度＞抗剪强度。

4. 木材的含水量在纤维饱和点内变化时，对下列强度影响最小的是_____。

    A. 抗弯；   B. 顺纹抗压；   C. 顺纹抗拉。

5. 木材随含水量上升其体积发生膨胀收缩，强度_____。

    A. 降低；   B. 增大；   C. 减小。

6. 木材收缩时，_____向最大、_____向最小。

    A. 径；   B. 纵；   C. 弦。

7. 木材的平衡含水率在相对湿度不变条件下随着温度降低而_____。

    A. 减小；   B. 增大；   C. 不变。

8. 木林的含水率在_____％以下，木材中的腐朽菌就停止繁殖和生存。

    A. 20；   B. 25；   C. 30；   D. 35。

9. 木材在使用之前，应预先干燥到_____。

    A. 纤维饱和点；   B. 使用环境下的平衡含水率；

    C. 饱和面干状态；   D. 完全干燥。

10. _____含量为零，_____饱和时，木材的含水率称为纤维饱和点。

    A. 自由水；   B. 吸附水；   C. 化合水；   D. 游离水。

11. 木材含水率变化时，一定会产生变化的性质是_____。

    A. 强度；   B. 体积；   C. 密度；   D. 易燃性。

12. 下列木材中，适宜作装饰材料的木材是_____。

    A. 松木；   B. 杉木；   C. 水曲柳；   D. 柏木。

选择题答案

1. C，D **2.** A，B **3.** C **4.** C **5.** C **6.** C，B **7.** B **8.** A **9.** D **10.** A，B
11. D **12.** C

五、是非题（正确的写"T"，错误的写"F"）

1. 木材的平衡含水率一般远低于纤维饱和点。（   ）

2. 木材变形的特点是径向膨胀收缩最大，顺纹方向次之，弦向最小。（   ）

3. 当木材的含水率大于纤维饱和点时，若含水率改变，不会造成木材的体积变形。（   ）

4. 木材的构造愈疏松，收缩和膨胀愈大。（   ）

5. 随着木材含水率的上升，木材体积发生膨胀，强度下降。（   ）

6. 木材的持久强度只有其短期极限强度的 50％～60％。（   ）

是非题答案

1. T　**2.** F　**3.** T　**4.** F　**5.** F　**6.** T

六、计算题

测得一松木试件,其含水率为 10%,此时其顺纹抗压强度为 66.8 MPa,试问:(1)标准含水率状态下其抗压强度为多少?(2)当该松木含水率为 20% 时的强度为多少?(该松木的纤维饱和点为 30%,松木的 α 为 0.05。)

解:(1) $\sigma_{12} = \sigma_w[1+\alpha(w-12)]$

已知:$w=10\%$,$\sigma_{11}=66.8$ MPa,$\alpha=0.05$

则 $\sigma_{12}=\sigma_w[1+\alpha(w-12)]=66.8\times[1+0.05\times(10-12)]=60.1$ MPa

(2) α 系数为含水率在 9%～15% 之间时的回归系数。当含水率超出范围时,该系数只能用于大致估算,且含水率偏离越大,估算误差越大。现仅作大致估算如下:

$\sigma_{20}=\sigma_{12}/[1+\alpha(20-12)]=60.1/[1+0.05\times(20-12)]=42.9$ MPa

第四章
气硬性无机胶凝材料

重点知识提要

建筑上凡是经过一系列物理、化学作用,能把松散物质黏结成整体的材料称为胶凝材料。按化学组成,一般可分为无机胶凝材料和有机胶凝材料两大类。无机胶凝材料按硬化条件分为气硬性胶凝材料和水硬性胶凝材料。气硬性胶凝材料只能在空气中硬化,也只能在空气中保持或继续发展其强度,这类材料一般只适用于地上或干燥环境中,而不宜用于潮湿环境中,更不可用于水中。水硬性胶凝材料则不仅能在空气中,而且能更好地在水中硬化,保持和继续发展其强度,它们既适用于地上,也适用于地下或水中工程。

第一节 石 灰

一、石灰的来源与制备

生产石灰的主要原料是以碳酸钙为主要成分的天然岩石。在适当的温度下煅烧,碳酸钙将分解,释放出 CO_2,得到以 CaO 为主要成分的生石灰:

$$CaCO_3 \longrightarrow CaO + CO_2$$

生石灰是一种白色或灰色的块状物质。生石灰中 MgO 含量≤5%时,称为钙质生石灰;MgO 含量>5%时,称镁质生石灰。若将块状生石灰磨细,则可得到生石灰粉。

在实际生产中因块度、受热状态及煅烧时间的差异,常会含有欠火石灰和过火石灰。欠火石灰中含有未分解的 $CaCO_3$,降低了石灰的利用率;过火石灰呈烧结态,结构致密,熟化很慢,一般在生石灰遇水一周以后才水化,这样使得石灰硬化后它仍继续熟化而产生体积膨胀,引起局部隆起和开裂而影响工程质量。

二、石灰的熟化和硬化

生石灰(CaO)与水作用生成熟石灰[$Ca(OH)_2$]的过程,称为石灰的熟化或消化:

$$CaO + H_2O \longrightarrow Ca(OH)_2 + 64.9kJ$$

石灰熟化过程中,放出大量的热,使温度升高,而且体积要增大 1.0~2.0 倍。熟石灰有石灰膏和消石灰粉两种形式。

　　将块状生石灰在化灰池中用 3～4 倍体积的水,经熟化、沉淀、陈伏可得到石灰膏。为了使石灰熟化得更充分,尽量消除过火石灰的危害,石灰浆应在储灰坑中存放一星期以上,这个过程称为石灰的陈伏。陈伏时,水面应高出石灰浆体,以免石灰碳化,降低胶凝性。

　　将生石灰块分层喷淋 60%～80% 的水,经熟化、陈伏可得到略湿又不成团的消石灰粉。

　　石灰在空气中的硬化包括两个同时进行的过程:

　　(1) 结晶作用

　　石灰浆在使用过程中,因游离水分逐渐蒸发和被砌体吸收,引起溶液某种程度的过饱和,使 $Ca(OH)_2$ 逐渐结晶析出,促进石灰浆体的硬化。

　　(2) 碳化作用

　　$Ca(OH)_2$ 与空气中的 CO_2 作用,生成不溶解于水的碳酸钙晶体,析出的水分则逐渐被蒸发,反应如下:

$$Ca(OH)_2 + CO_2 + nH_2O \longrightarrow CaCO_3 + (n+1)H_2O$$

　　这个过程称为碳化,形成的 $CaCO_3$ 晶体,使硬化石灰浆体结构致密,强度提高。由于空气中 CO_2 含量少,以及表层生成致密 $CaCO_3$ 膜层,碳化作用难以深入内部,仅限于表层。

三、石灰的技术性质和应用

1. 石灰具有的特性

(1) 可塑性和保水性好;

(2) 硬化慢、强度低、硬化时体积收缩大;

(3) 耐水性差。

建筑生石灰质量评定项目:CaO＋MgO 含量、未消化残渣含量、CO_2 含量和产浆量。

建筑生石灰粉质量评定项目:CaO＋MgO 含量、CO_2 含量和细度。

建筑消石灰粉质量评定项目:CaO＋MgO 含量、游离水含量、体积安定性和细度。

2. 石灰的主要应用

(1) 石灰膏或消石灰粉加入过量的水稀释成的石灰乳,用于室内粉刷。

(2) 石灰膏和消石灰粉可以配制成石灰砂浆或水泥混合砂浆,可用于墙体砌筑或抹面工程。石灰膏掺入水泥砂浆中,可使其可塑性和保水性大为改善。为了减少体积收缩,防止开裂,在石灰膏中掺入纸筋、麻刀等制成灰浆,用于内墙或顶棚抹面。

(3) 消石灰粉与黏土拌制成石灰土,消石灰粉与黏土、砂石、炉渣等填料拌制成三合土,消石灰粉与粉煤灰、碎石拌制成三渣,经夯(压)实及一定时间的水化后,生成不溶性的水化硅酸钙和水化铝酸钙,因而具有较好的强度和耐水性,主要用于道路工程的基层、底基层和垫层或简易面层、建筑物的地基基础等。

第二节 石 膏

一、石膏的来源与生产

　　生产石膏胶凝材料的原料主要是天然二水石膏(生石膏)、天然无水石膏(硬石膏)以及含有二水硫酸钙或二水硫酸钙与硫酸钙混合物的化工副产品(化工石膏)。生产石膏胶凝材料的主要工艺流程是破碎、加热与磨细。反应式为：

$$CaSO_4 \cdot 2H_2O \longrightarrow CaSO_4 \cdot 1/2H_2O + 3/2H_2O$$

在常压下加热至 $107℃\sim170℃$ 时，二水石膏脱水成为 β 型半水石膏（即建筑石膏，又称熟石膏）；若在具有 0.13MPa，24℃ 过饱和蒸汽条件下的蒸压釜中蒸炼，得到的是 α 型半水石膏（即高强石膏），它比 β 型半水石膏晶体要粗，调制成可塑性浆体的需水量少，所以硬化后具有较高的密实度和强度。

二、建筑石膏的凝结硬化

建筑石膏与水拌和后，可调制成可塑性浆体，经过一段时间反应后，将失去塑性，并凝结硬化成具有一定强度的固体。

建筑石膏的凝结和硬化是由于半水石膏与水相互作用，生成二水石膏：

$$CaSO_4 \cdot 1/2H_2O + 3/2H_2O \longrightarrow CaSO_4 \cdot 2H_2O$$

由于二水石膏在水中的溶解度比半水石膏小得多，形成过饱和溶液，从而结晶析出，这样促进了半水石膏不断地溶解和水化。在这个过程中，浆体中的游离水分逐渐减少，二水石膏晶体微粒不断增加，浆体稠度增大，可塑性逐渐降低，浆体凝结；随着水化继续进行，晶体逐渐长大、共生并相互交错，使浆体最终硬化产生强度。

三、建筑石膏的技术性质与应用

建筑石膏是一种白色粉末状的气硬性胶凝材料，具有以下特性：

（1）凝结硬化快、硬化时体积微膨胀；

（2）硬化浆体孔隙率较大、容积密度和强度较低、绝热性好、防火性能良好、具有一定的调湿作用；

（3）耐水性差（软化系数 $0.2\sim0.3$）、抗冻性和耐热性差（65℃以上，二水石膏脱水分解）。

建筑石膏按强度、细度、凝结时间指标分为优等品、一等品和合格品 3 个等级。

建筑石膏一般制成石膏抹面灰浆作内墙装饰；可用来制作各种石膏板、各种建筑艺术配件及建筑装饰、彩色石膏制品等。

第三节 菱 苦 土

菱苦土是一种白色或浅黄色的粉末，又称镁质胶凝材料。菱苦土是由含碳酸镁 $MgCO_3$ 的原料，经 $800℃\sim850℃$ 煅烧而得的以氧化镁 MgO 为主要成分的气硬性胶凝材料。

菱苦土与水拌合后，MgO 迅速水化，生成 $Mg(OH)_2$，并放出大量的热，但其凝结硬化很慢，硬化后的强度也很低。常使用氯化镁溶液作为调和剂以加速其硬化过程的进行。

菱苦土质量评定项目：MgO 含量、凝结时间、体积安定性、抗拉强度。

用氯化镁溶液调和菱苦土，硬化后抗压强度可达 40 MPa 以上。

菱苦土与植物纤维黏结性好，而且碱性较弱，不会腐蚀纤维体。

菱苦土在建筑上的主要应用是与木屑配合用于地面。这种地面具有一定的弹性，且有防爆、防火、导热性小、表面光洁、不起灰、摩擦冲击噪声小等特点，宜用于室内场所、车间等处。还可制成多种刨花板和木丝板。

菱苦土的缺点是易吸湿、表面泛霜（即返卤）、变形或翘曲，且耐水性差。故这类制品不宜用于长期潮湿的地方。因氯离子对钢筋有锈蚀的作用，所以，其制品中不宜配置钢筋。

第四节 水 玻 璃

一、水玻璃的组成

水玻璃俗称泡花碱，是一种能溶于水的硅酸盐，目前主要使用硅酸钠水玻璃（$Na_2O \cdot nSiO_2$）。

水玻璃的组成中，氧化硅和氧化钠的分子比（$n = SiO_2/Na_2O$）为水玻璃的模数。n 值小，则水玻璃的晶体组分较多，黏结能力较差；n 值大，胶体组分相应增加，黏结能力增大，强度高，耐酸、耐热性高。建筑上常用 $n = 2.6 \sim 3.0$ 的水玻璃。n 值越大，水玻璃越难溶于水。水玻璃溶液可与水按任意比例混合。若在水玻璃溶液中加入尿素，可在不改变黏度的情况下，提高其黏结能力。

水玻璃的硬化过程进行很慢，使用过程中，常掺加氟硅酸钠（Na_2SiF_6）促硬剂，以加快水玻璃的硬化速度。

二、水玻璃的特性与应用

水玻璃的特性主要有：黏结力好，硬化后强度较高，耐酸性和耐热性好。水玻璃硬化时析出的硅酸凝胶还能堵塞材料的毛细孔隙，起到阻止水分渗透的作用。其应用主要为：

1. 建筑物表面的防护

水玻璃溶液涂刷建筑材料表面或浸渍多孔材料，可增加材料的密实度和强度，提高材料的抗风化能力。但不能对石膏制品进行涂刷或浸渍，因为水玻璃与石膏反应生成硫酸钠晶体，会在制品孔隙内部产生体积膨胀，使石膏制品受到破坏。

2. 土壤加固

水玻璃可用于砂土的加固处理。

3. 配制耐热砂浆及混凝土

水玻璃和耐热骨料可配制耐热砂浆和耐热混凝土，用于高炉基础、热工设备基础及围护结构等耐热工程中。

4. 配制耐酸砂浆及混凝土

水玻璃与促硬剂和耐酸粉料、耐酸骨料可配制成耐酸混凝土和耐酸砂浆，用于冶金、化工等行业的防腐工程中。

5. 配制防水剂

以水玻璃为基料，加入 2 种、3 种或 4 种矾配制成防水剂，称为二矾、三矾或四矾防水剂。因这种防水剂具有凝结速度快的特点，故常与水泥浆调和，进行堵漏、填缝等局部抢修。

习 题 与 解 答

一、名词解释

1. 水硬性胶凝材料　2. 气硬性胶凝材料　3. 建筑石膏　4. 高强石膏　5. 煅烧石膏　6. 生石灰　7. 熟石灰　8. 欠火石灰　9. 过火石灰　10. 陈伏　11. 菱苦土　12. 水玻璃的模数

名词解释答案

1. 水硬性胶凝材料：不仅能在空气中，而且能更好地在水中硬化，保持和继续发展其强度的胶凝材料。

2. 气硬性胶凝材料：只能在空气中（干燥条件下）硬化，也只能在空气中保持或继续发展其强度的胶凝材料。

3. 建筑石膏：低温煅烧生成的 β 型半水石膏 $\beta - CaSO_4 \cdot \frac{1}{2} H_2O$ 即为建筑石膏，又称熟石膏。

4. 高强石膏：通过蒸压蒸炼制得的 α 型半水石膏 $\alpha - CaSO_4 \cdot \frac{1}{2} H_2O$ 即为高强石膏。

5. 煅烧石膏：煅烧温度超过 800℃时，部分石膏分解出氧化钙，使产物又具有凝结硬化的能力，这种产品称煅烧石膏（过烧石膏）。

6. 生石灰：碳酸钙经煅烧分解出 CaO 为主要成分的块状物，即为生石灰。

7. 熟石灰：生石灰 CaO 加水消解为 $Ca(OH)_2$，即为熟石灰。

8. 欠火石灰：煅烧温度过低，煅烧时间不充分，得到的含有未分解的 $CaCO_3$ 内核的生石灰，称为欠火石灰。

9. 过火石灰：煅烧温度过高，煅烧时间过长，得到的生石灰，称为过火石灰。

10. 陈伏：为了使石灰熟化得更充分，尽量消除过火石灰的危害，石灰浆应在储灰坑中存放一星期以上，这个过程称为石灰的陈伏。

11. 菱苦土：以氧化镁 MgO 为主要成分的气硬性胶凝材料，称为菱苦土。

12. 水玻璃的模数：水玻璃组成中，氧化硅和氧化钠的分子比 n 称为水玻璃的模数。

二、问答题

1. 建筑石膏在使用时，为什么常常要加入动物胶或亚硫酸盐酒精废液？

答：建筑石膏的凝结速度快，在几分钟内便开始失去可塑性，给成型或施工带来困难。故在拌合时，常需加入动物胶（经石灰处理）或亚硫酸盐酒精废液、硼砂等以延缓凝结速度，使成型或施工能顺利进行，保证制品或工程的质量。

2. 用于墙面抹灰时，与石灰相比较，建筑石膏具有哪些优点？为什么？

答：建筑石膏在凝结硬化后具有下述优良性质：①凝结硬化快；②硬化时体积微膨胀，硬化石膏的形状尺寸准确、表面光滑细致；③硬化后其内部孔隙率较大，容积密度较低，故其保温性、吸声性好;④具有较好的防火性;⑤具有较高的热容量和一定的吸湿性,可均衡室内温湿度的变化。

而石灰用于墙面抹灰最大的缺点是凝结硬化慢,硬化时体积收缩大,容易形成裂纹等不良现象。

3. 菱苦土制品有哪些缺点? 你认为如何改善?

答:生产菱苦土制品时一般用氯化镁溶液来调拌,以加速其硬化。若氯化镁用量过多,将使浆体凝结硬化过快,收缩过大,甚至产生裂缝;用量过少,硬化太慢,而且强度也将降低。拌制菱苦土时使用了氯化镁 $MgCl_2$ 水溶液,因氯盐有着很强的吸湿性,因此菱苦土制品易吸湿返潮,甚至引起变形。

解决硬化太快太慢,应采用适当的配比,一般氯化镁与菱苦土的适宜质量比为 $55\%\sim60\%$。要降低吸湿性,可改用硫酸镁或铁矾作调和剂。

4. 欠火石灰、过火石灰对石灰使用性能有何影响? 如何消除?

答:当石灰中含有欠火石灰时,主要是降低了石灰中有效 CaO 的含量(因欠火石灰即是含有未分解的 $CaCO_3$ 内核的石灰),使石灰的质量降低,利用率下降,但对石灰及其制品的性能影响较小。对较小的欠火石灰颗粒可不作处理,但较大的欠火石灰颗粒需消除掉,以避免影响到施工质量。

过火石灰的熟化速度很慢,在石灰凝结硬化后才开始逐步消解,引起体积膨胀,造成隆起或开裂,故对石灰的应用极为不利。

在熟化时,利用筛网将较大的欠火石灰颗粒或过火石灰颗粒过滤掉,较小的过火石灰颗粒可通过陈伏使其熟化。

5. 既然石灰是气硬性胶凝材料,为什么由它配制的石灰土或三合土却可用于基础的垫层、道路的基层等潮湿部位?

答:纯石灰硬化后是不耐水的,软化系数很小,因而只能在空气中使用或在干燥环境中使用。

石灰土或三合土是由消石灰粉和黏土等配制而得。由于石灰的可塑性好,与黏土等拌合后经压实或夯实,使石灰土或三合土的密实度大大提高,降低了孔隙率,使水的侵入大为减少。黏土中含有少量的活性 SiO_2 和 Al_2O_3,二者均会与消石灰 $Ca(OH)_2$ 发生缓慢的水化反应生成少量水硬性水化硅酸钙和水化铝酸钙。所以石灰土或三合土的强度和耐水性随使用时间延长而逐渐提高,因而可用于基础的垫层、道路的基层等潮湿部位。

6. 石灰为何一般不可单独使用?

答:生石灰水化,生成的 $Ca(OH)_2$ 颗粒非常细小,表面积很大,表面都吸附有一层水膜。石灰浆在干燥时,由于大量水分的失去,使石灰浆体产生极大的收缩,形成许多的裂纹。因而石灰除粉刷(薄层)外,不能单独使用。

7. 某建筑的内墙使用石灰砂浆抹面。数月后,墙面上出现了许多不规则的网状裂纹,同时在个别部位还有一部分凸出的呈放射状裂纹。试分析上述现象产生的原因。

答:墙面上出现的不规则网状裂纹,是石灰在凝结硬化中产生较大收缩而引起的。可以通过增加砂用量、润湿墙体基层、降低一次抹灰的厚度等措施加以改善。

墙面上个别部位出现凸出的呈放射状的裂纹是由于石灰中含有过火石灰。在砂浆硬化后,过火石灰吸收空气中的水蒸气继续熟化,体积膨胀,从而出现上述现象。

8. 在水玻璃使用时为何加入氟硅酸钠？

答：水玻璃可吸收空气中的 CO_2，形成硅酸凝胶。但此过程进行得很慢，故常需加入 12%～15% 的氟硅酸钠来加速水玻璃的硬化过程，硬化后的主要产物仍为硅酸凝胶。

9. 水玻璃的主要性质和用途有哪些？

答：水玻璃在硬化后，具有良好的黏结力、较高的强度、很高的耐热性和耐酸性。

水玻璃主要用于配制耐酸混凝土、耐酸砂浆、耐酸胶泥与耐热混凝土、砂浆和胶泥等。也常用于材料表面的防风化处理、土壤或地基加固、配制速凝防水剂等。

10. 氯化镁 $MgCl_2$ 水溶液拌制菱苦土有何优点？

答：用水拌合菱苦土时，浆体的凝结硬化速度很慢，且硬化后的强度也很低。当采用氯化镁 $MgCl_2$ 水溶液来拌和菱苦土时，浆体的凝结硬化速度快，且硬化后的强度很高。

三、填空题

1. 建筑石膏是 _____ 型的 _____ 石膏，硬化后的石膏的化学成分是 _____。
2. 石膏板只能用于室内的主要原因是由于它的 _____ 性差。
3. 石膏板较木质板材的优点是因为石膏板具有 _____ 好的特性。
4. 建筑石膏具有孔隙率 _____，容积密度 _____，故其具有 _____ 性能好的特性。
5. 石膏制品应避免用于 _____ 和 _____ 较高的环境。
6. 石灰熟化时放出大量的 _____，体积发生显著 _____；石灰硬化时放出大量的 _____，体积产生明显 _____。
7. 石灰不可以单独应用是因为其硬化后 _____ 大，而石膏可以单独应用是由于其硬化过程中具有 _____ 的特性。
8. 石灰浆体的硬化包括 _____ 和 _____ 两个化学反应过程，而且 _____ 过程是一个由 _____ 及 _____ 的过程，其石灰的硬化速度 _____。
9. 在石灰应用中，常将石灰与纸筋、麻刀、砂石等混合应用，其混合的目的是 _____，否则会产生 _____。
10. 石灰熟化时，通常把它熟化成石灰膏，其主要用于 _____ 和 _____，而熟化成消石灰粉时，主要用于 _____ 或 _____。
11. 在水泥砂浆中掺入石灰膏制成混合砂浆，掺入石灰膏是利用了石灰膏具有 _____ 好的特性，从而提高了水泥砂浆的 _____。
12. 石灰膏在使用前需在储灰池中存放 _____ 天以上，储存时要求水面应高出灰面，是为了防止石灰 _____。
13. 水玻璃的分子式是 _____，模数表示 _____。同一浓度水玻璃 n 越大，则水玻璃黏度越 _____，越 _____ 溶于水，强度越 _____。
14. 水玻璃硬化后，有 _____ 的耐酸性能，这主要是因为硬化后的水玻璃主要化学组成是 _____。
15. 水玻璃常用的促硬剂是 _____，适宜掺量为 _____。
16. 菱苦土在使用时不能用水拌制，通常用 _____ 水溶液拌制，由于菱苦土与各种 _____ 黏结性好，且 _____ 较低，因此常用之与木屑等植物质材料拌制使用。

填空题答案

1. β,半水,$CaSO_4 \cdot 2H_2O$ 2. 耐水 3. 防火性 4. 大,小,绝热 5. 湿度,温度
6. 热,增大,水分,收缩 7. 体积收缩,体积微膨胀 8. 结晶,碳化,碳化,表,里,慢 9. 防止硬化后的收缩,收缩裂缝 10. 砂浆,灰浆,石灰土,三合土 11. 保水性,和易性 12. 7,碳化 13. $Na_2O \cdot nSiO_2$,氧化硅和氧化钙的分子比,大,难,高 14. 较好 二氧化硅
15. 氟硅酸钠 Na_2SiF_6,12%~15% 16. 氯化镁,植物纤维,碱

四、选择题

1. 建筑石膏是指低温煅烧石膏而成的_____。

    A. $\alpha - CaSO_4 \cdot \frac{1}{2}H_2O$;   B. $\beta - CaSO_4 \cdot \frac{1}{2}H_2O$;   C. $CaSO_4 \cdot \frac{1}{2}H_2O$。

2. 某种白色粉末状建筑材料加水拌合后,放热量大,且有大量水蒸气产生,它是_____。
    A. 建筑石膏;   B. 磨细生石灰;
    C. 消石灰;   D. 白色硅酸盐水泥。

3. 在凝结硬化过程中,产生显著收缩变形的物质是_____。
    A. 石灰 ;   B. 建筑石膏;   C. 水玻璃;   D. 硅酸盐水泥。

4. 建筑石膏适用做墙体材料、砌块的主要原因在于_____。
    A. 石膏凝结硬化快;   B. 硬化时体积微膨胀;
    C. 硬化体孔隙率高;   D. 强度高。

5. _____浆体在凝结硬化过程中,体积发生微小膨胀。
    A. 石膏;   B. 石灰;   C. 菱苦土;   D. 水玻璃。

6. 石灰硬化过程实际上是_____过程。
    A. 水化、结晶;   B. 水化、碳化;   C. 结晶、碳化;   D. 陈伏、碳化。

7. 工程上应用石灰,要提前一周以上将生石灰块进行熟化,是为了_____。
    A. 消除欠火石灰的危害;   B. 放出水化热;
    C. 消除过火石灰的危害;   D. 蒸发多余水分。

8. 石灰在使用时不能单独应用,因为_____。
    A. 熟化时体积膨胀导致开裂;   B. 硬化时体积收缩导致开裂;
    C. 过火石灰的危害;   D. 硬化后强度较低。

9. 经过陈伏处理后,石灰浆体的主要成分是_____。
    A. CaO;   B. $Ca(OH)_2$;
    C. $CaCO_3$;   D. $Ca(OH)_2 + H_2O$。

10. 砂或纤维材料经常同石灰共同使用,目的在于_____。
    A. 提高抗压强度;   B. 克服过火石灰危害;
    C. 加快硬化速度;   D. 提高抗裂能力。

11. 气硬性胶凝材料中,_____粘结力大,渗透能力强,广泛用作土木工程中地基加固的灌浆材料。
    A. 石灰;   B. 水玻璃;   C. 石膏;   D. 氯氧镁水泥。

12. 建筑砂浆中广泛使用石灰,利用了其_____的性能特点。

A. 强度高；
B. 消化时放热量大；
C. 可塑性好；
D. 消化时体积膨胀。

选择题答案

1. B　2. B　3. A　4. C　5. A　6. C　7. C　8. B　9. D　10. D　11. B　12. C

五、是非题(正确的写"T",错误的写"F")

1. 由于建筑石膏硬化时略有膨胀,故必须加骨料一起应用。(　　)

2. 所有的气硬性胶凝材料都是不耐水的。(　　)

3. 因为普通建筑石膏的晶体较粗,故其调成可塑性浆体时,需水量比高强建筑石膏少得多。(　　)

4. 建筑石膏最突出的技术性质是凝结硬化快,并且在硬化时体积略有膨胀。(　　)

5. 水玻璃硬化后耐水性好,因此可以涂刷在石膏制品的表面,以提高石膏的耐水性。(　　)

6. 石灰的干燥收缩值大,这是石灰不宜单独生产石灰制品和构件的主要原因。(　　)

7. 在空气中贮存过久的生石灰,可以照常使用。(　　)

8. 水玻璃凝结硬化慢,可加入 Na_2SiF_6 促硬。(　　)

9. 有些气硬性胶凝材料可以与其他材料通过化学反应,生成水硬性的材料。(　　)

10. 石膏灰浆用于墙面的抹灰,可以起到调节室内湿度的作用。(　　)

11. 石灰砂浆抹面出现开裂现象,定是过火石灰产生的膨胀导致。(　　)

12. 过火石灰产生危害的原因在于其消化时的膨胀会将已经硬化的浆体胀裂。(　　)

13. 为提高石膏硬化体的耐水性,常掺入水泥、粒化高炉矿渣、粉煤灰或有机防水剂。(　　)

是非题答案

1. F　2. T　3. F　4. T　5. F　6. T　7. F　8. T　9. T　10. T　11. F　12. T
13. T

第五章 水 泥

重点知识提要

第一节 概 述

水泥属于水硬性胶凝材料。我国建筑工程中目前使用的水泥主要是通用硅酸盐水泥。包括:硅酸盐水泥、普通硅酸盐水泥、矿渣硅酸盐水泥、火山灰硅酸盐水泥、粉煤灰硅酸盐水泥和复合硅酸盐水泥。在一些特殊工程中,还使用铝酸盐水泥、膨胀水泥、快硬水泥、低热水泥和硫铝酸盐水泥等。

第二节 硅 酸 盐 水 泥

一、硅酸盐水泥生产

石灰质原料(如石灰石)提供 CaO,黏土质原料提供 SiO_2,Al_2O_3 和少量 Fe_2O_3,辅助原料如铁矿粉等。石膏起延缓水泥凝结的作用。水泥生产流程如图 5-1 所示。

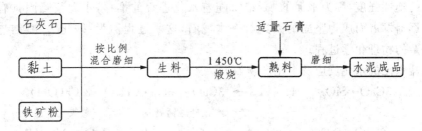

图 5-1 硅酸盐水泥生产工艺流程

硅酸盐水泥 Portland cement 分Ⅰ型(代号 P.Ⅰ)和Ⅱ型(代号 P.Ⅱ),Ⅰ型不掺任何混合材,Ⅱ型掺加不超过水泥质量 5% 的石灰石或粒化高炉矿渣混合材。

二、硅酸盐水泥熟料矿物组成与特性

硅酸盐水泥熟料主要矿物及特性如图 5-2 和表 5-1 所示,其中,硅酸三钙($3CaO \cdot SiO_2$,简记C_3S)约 50%,硅酸二钙($2CaO \cdot SiO_2$,简记 C_2S)约 20%,铝酸三钙($3CaO \cdot Al_2O_3$,C_3A)

$7\%\sim15\%$,铁铝酸四钙($4CaO \cdot Al_2O_3 \cdot Fe_2O_3$,$C_4AF$)$10\%\sim18\%$。

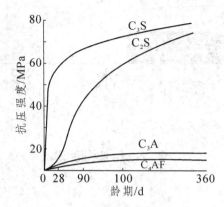

图 5-2　各单矿物强度比较

表 5-1　　　　　　　　　熟料矿物的基本特性

主要矿物	强　　度		水化热	耐化学 侵蚀性	干缩
名　　称	早期	后期			
C_3S	高	高	中	中	中
C_2S	低	高	小	良	小
C_3A	低*	低	大	差	大
C_4AF	低	低	小	优	小

* 铝酸盐相强度有可能在后期倒缩。

三、硅酸盐水泥的水化、凝结和硬化

硅酸盐水泥加水拌和成可塑性浆体,随着水化反应的进行,浆体逐渐变稠失去流动性而具有一定的塑性强度,称为水泥的"凝结";随着水化进程的推移,水泥浆凝固具有一定的机械强度并逐渐发展而成为坚固的人造石→水泥石,这一过程称为"硬化"。凝结与硬化是一个连续复杂的物理化学过程。

硅酸盐水泥的水化反应及水化产物如下:

$$3CaO \cdot SiO_2 + H_2O \longrightarrow 3CaO \cdot SiO_2 \cdot 3H_2O + 3Ca(OH)_2$$

水化硅酸钙凝胶　　　　　氢氧化钙晶体

$$2(2CaO \cdot SiO_2) + 4H_2O \longrightarrow 3CaO \cdot SiO_2 \cdot 3H_2O + Ca(OH)_2$$

$$4CaO \cdot Al_2O_3 \cdot Fe_2O_3 + 7H_2O \longrightarrow 3CaO \cdot Al_2O_3 \cdot 6H_2O + CaO \cdot Fe_2O_3 \cdot H_2O$$

水化铁酸钙凝胶

$$3CaO \cdot Al_2O_3 + H_2O + CaSO4 \cdot 2H_2O \longrightarrow 3CaO \cdot Al_2O_3 \cdot 3CaSO_4 \cdot 31H_2O$$

高硫型水化硫铝酸钙晶体(俗称钙矾石,记为 AFt)

在凝结硬化后期,随石膏浓度减少,还可有下述反应:

$$3CaO \cdot Al_2O_3 + H_2O + CaSO4 \cdot 2H_2O \longrightarrow 3CaO \cdot Al_2O_3 \cdot CaSO_4 \cdot 12H_2O$$

$$3CaO \cdot Al_2O_3 \cdot 3CaSO_4 \cdot 31H_2O + 3CaO \cdot Al_2O_3 + H_2O \longrightarrow 3CaO \cdot Al_2O_3 \cdot CaSO_4 \cdot 12H_2O$$

$$3CaO \cdot Al_2O_3 + H_2O \longrightarrow 3CaO \cdot Al_2O_3 \cdot 6H_2O$$

水化铝酸三钙晶体

硅酸盐水泥水化生成的主要水化产物有:水化硅酸钙、水化铁酸钙凝胶;氢氧化钙、水化铝酸钙和水化硫铝酸钙晶体。在充分水化的水泥石中,C-S-H凝胶约占70%,$Ca(OH)_2$约占20%,水化硫铝酸钙约占7%。

水泥水化初期,反应速度快,水化产物多,故早期强度增长快。随着水化的进行,水化产物逐渐增多,这些水化产物对未水化的水泥熟料内核与水的接触和水化反应起到了一定的阻碍作用,故后期的强度发展逐步减慢。若温度、湿度适宜,则水泥石的强度在几年甚至数十年后仍可有缓慢增长。

水泥石结构是由未水化的水泥颗粒、水化产物以及孔隙组成。水泥石的强度主要取决于水泥强度等级、水灰比、养护条件及龄期等。在保证成型质量的前提下,水灰比越小、温度适宜、湿度越大、养护时间越长,则水泥石的凝胶体越多、毛细孔隙越小,水泥石强度越高,水泥石的其他性能也越好。

四、硅酸盐水泥的品质要求

1. 凝结时间

初凝时间为水泥加水拌和开始至水泥浆开始失去塑性所经历的时间,终凝时间为水泥加水拌和开始至水泥浆完全失去塑性并开始产生强度所经历的时间。凝结时间用维卡仪进行测定。凝结时间取决于矿物组成、细度、加水量、环境温湿度。因此,测量凝结时间是在标准温湿度的实验室内进行,同时采用水泥标准稠度用水量。

为保证在初凝之前完成混凝土各工序的操作(运输、浇注、捣实),初凝时间不宜过短;为使混凝土浇捣完成后尽早凝结硬化,以利于下道工序及早进行,终凝时间不宜过长。

硅酸盐水泥的初凝时间≥45min,终凝时间≤6.5h(其他通用硅酸盐水泥的终凝时间≤10h)。

2. 强度

水泥强度检验是根据《水泥胶砂强度检验方法(ISO法)》(GB/T17671—1999)规定,将按质量计的1份水泥、3份中国ISO标准砂,用0.5的水灰比拌制的一组塑性胶砂,按规定的方法制成尺寸为40mm×40mm×160mm棱柱体试体,试体成型后连模一起在(20±1)℃湿气中养护24h,然后脱模在(20±1)℃水中养护。

硅酸盐水泥分为42.5,42.5R,52.5,52.5R,62.5和62.5R 6个强度等级。根据3d强度的大小,硅酸盐水泥分为普通型和早强型两种,早强型用R表示。

水泥强度主要取决于水泥熟料矿物成分的相对含量和水泥的细度。

3. 体积安定性

体积安定性不良是指已硬化水泥石产生不均匀的体积变化现象。它会使构件产生膨胀裂缝,降低建筑物质量。

体积不安定的原因:

(1) f-CaO过量

水泥煅烧温度为1450℃,大大高于石灰的烧制温度,所以未化合的CaO(用f-CaO表示)必定呈过烧(烧结)状态,过烧f-CaO的水化活性低,在水泥硬化后期逐步水化,固相体积膨胀 97%，致使已硬化的水泥石开裂。

（2）$f-MgO$ 过量

$f-MgO$ 晶体结构致密，水化比 $f-MgO$ 更为缓慢，形成氢氧化镁时体积膨胀。

（3）石膏掺量过多

石膏掺量过多时，在水泥硬化后，继续与水化铝酸钙反应生产高硫型水化硫铝酸钙，体积增大 1.5 倍。

沸煮法体积安定性试验仅检验 $f-CaO$ 的危害，它分为试饼法和雷氏夹法两种。当有争议时，以雷氏夹法为准。由于 $f-MgO$ 和石膏不便快速检验，所以在生产中控制水泥熟料中的 MgO 含量 $<5.0\%$，水泥中 SO_3 含量 $\leqslant3.5\%$。

4. 水化热

水泥的水化反应是放热反应，其水化过程放出的热称为水泥的水化热。水泥的水化热对混凝土工艺有多方面意义。水化热对大体积混凝土是有害的因素，大体积混凝土由于水化热积蓄在内部，造成内外温差，形成不均匀应力导致开裂，但水化热对冬季混凝土施工是有益的，水化热可促进水泥水化进程。

硅酸盐水泥的水化放热主要集中在 $3\sim7d$ 内，以后逐渐减少。水化放热量及放热速率与水泥的矿物组成、细度等有关。

5. 水泥化学品质指标

水泥化学品质指标包括：不溶物、烧失量、氧化镁、三氧化硫、碱含量和氯离子含量。

碱含量指水泥中 Na_2O 和 K_2O 的含量。若碱含量高，且用含活性 SiO_2 的骨料配制混凝土，会产生碱-骨料反应，导致混凝土不均匀膨胀破坏。水泥中碱含量按 $Na_2O+0.658K_2O$ 计算值来表示。根据我国的实际情况，国家标准规定：水泥中碱含量按 $Na_2O+0.658K_2O$ 计算值来表示，若使用活性骨料，用户要求提供低碱水泥时，则水泥中的碱含量应不大于 0.60% 或由双方商定。

氯离子对钢筋会产生锈蚀。《通用硅酸盐水泥》（GB 175—2007）标准规定了各类硅酸盐水泥中氯离子含量不得超过水泥的 0.06%。氯离子测试方法按 JC/T420 进行。

6. 产品质量评定

水泥的凝结时间、安定性和强度是用户必须进行的复检项目。

《通用硅酸盐水泥》（GB 175—2007）标准规定合格品为符合化学品质、凝结时间、安定性和强度等各项指标要求。出厂需为各项指标检验（28d 强度为确认）合格的产品。

7. 抗蚀性

对于水泥石耐久性有害的环境介质主要为：淡水、酸与酸性水、硫酸盐溶液和碱溶液等。下面为几种常见的腐蚀介质的腐蚀过程。

（1）淡水（软水）侵蚀

雨水、雪水及许多江河湖水都属于软水，即重碳酸盐含量低的水。长期处于软水的浸析，水泥石中的 $Ca(OH)_2$ 会不断溶出，当水泥石碱度降低到一定程度时，会使其他水化产物发生溶蚀，导致水泥石破坏。在流动水作用下，侵蚀加重；若水泥石的抗渗性好，则不受侵蚀。如果水中含有较多的重碳酸盐，它与 $Ca(OH)_2$ 反应生成难溶的 $CaCO_3$ 堵塞水泥石的毛细孔，阻止水分侵入和 $Ca(OH)_2$ 溶出。

（2）酸侵蚀

酸与水泥石中的 $Ca(OH)_2$ 反应,生成水和钙盐;pH 值越小,侵蚀越强烈。

（3）碳酸侵蚀

碳酸与水泥石中的 $Ca(OH)_2$ 作用,生成难溶的 $CaCO_3$;碳酸进一步与碳酸钙作用,生成易溶于水的碳酸氢钙 $Ca(HCO_3)_2$,使 $Ca(OH)_2$ 不断溶失,从而引起水泥石的解体。

（4）硫酸盐侵蚀

硫酸盐都能与水泥石中的 $Ca(OH)_2$ 作用生成硫酸钙,再和水化铝酸钙 $3CaO \cdot Al_2O_3 \cdot 6H_2O$ 反应生成钙矾石,从而使固相体积增加很多,使水泥石膨胀开裂。

（5）镁盐侵蚀

海水或地下水中的镁盐与水泥石中的 $Ca(OH)_2$ 反应,生成松软无胶凝能力的 $Mg(OH)_2$ 氢氧化镁。而且 $Mg(OH)_2$ 的碱度低,会导致其他水化产物不稳定而离解。

（6）强碱侵蚀

水泥混凝土能够抵抗一般碱类的侵蚀,但会被强碱腐蚀。NaOH 与水化铝酸钙反应生成氢氧化钙、铝酸钠(胶结力弱、易溶)和水。NaOH 渗入浆体孔隙后又在空气中干燥,在空气中二氧化碳作用下形成含大量结晶水的碳酸钠($Na_2CO_3 \cdot 10H_2O$),在结晶时也会造成浆体结构胀裂。

水泥石易受腐蚀的基本原因:①硅酸盐水泥石中含有较多易受腐蚀的成分,即氢氧化钙和水化铝酸钙等;②水泥石本身不密实,含有大量的毛细孔隙。

防止腐蚀的措施:①提高水泥石的密实度;②根据环境特点,选择适宜的水泥品种或掺入活性混合材;③对于强腐蚀介质,建议为混凝土加做保护层。

六、硅酸盐水泥的基本特性和用途

硅酸盐水泥凝结硬化快、强度高,尤其早期强度高,适宜配制高强混凝土、预应力混凝土、要求早期强度高的混凝土、冬季施工。硅酸盐水泥硬化水泥石较致密,抗冻性好、干缩也较小,适用于严寒地区遭受反复冻融的混凝土工程。硅酸盐水泥硬化水泥石中含有较多的 $Ca(OH)_2$,碱度高,抗碳化能力强,适用于 CO_2 浓度高的区域。硅酸盐水泥耐磨性好,适合于道路、地面工程。

硅酸盐水泥的水化热大、耐热性差、耐蚀性差,不宜用于大体积混凝土、长期受高温作用的环境(如工业窑炉)、有腐蚀性介质的环境。

第三节　掺混合材的硅酸盐水泥

一、混合材

1. 混合材种类

（1）非活性混合材料

不具活性或活性很低的人工或天然矿物质,如磨细石英砂、磨细石灰石等,掺入水泥中仅起调节水泥性质、降低水化热、降低强度等级、增加产量的作用。

（2）活性混合材料

单独与水调和后,不会硬化或硬化极为缓慢,强度很低;但与石灰、石膏一起,加水拌和后具有较好水硬性的混合材,如水淬矿渣、火山灰、粉煤灰,其主要活性成分是玻璃体结构的 SiO_2 和 Al_2O_3。能激发混合材潜在活性的物质称为激发剂,氢氧化钙为碱性激发剂,石膏为硫酸盐激发剂。

2. 混合材作用

①改善水泥性能;②调节水泥强度等级;③综合利用工业废渣及地方资源;④增加水泥产量,降低生产成本。

二、掺混合材的硅酸盐水泥的品种及活性混合材的作用

掺混合材的硅酸盐水泥是由硅酸盐水泥熟料、混合材和石膏共同混合磨细而成。

1. 掺混合材水泥的品种

普通硅酸盐水泥 Ordinary portland cement,简称普通水泥 P·O,混合材掺量>5%且≤20%。矿渣硅酸盐水泥 Portland blast - furnace slag cement,简称矿渣水泥 P·S·A 或 P·S·B,矿渣掺量前者>20%且≤50%,后者>50%且≤70%。

火山灰硅酸盐水泥 Portland pozzolan cement,简称火山灰水泥 P·P,火山灰掺量>20%且≤40%。

粉煤灰硅酸盐水泥 Portland fly ash cement,简称粉煤灰水泥 P·F,粉煤灰掺量20%且≤40%。

复合硅酸盐水泥 Combined portland cement,简称复合水泥 P·C,混合材总掺量>20%且≤50%。

2. 活性混合材的作用

首先熟料矿物水化,生成 $Ca(OH)_2$ 等水化产物;然后在 $Ca(OH)_2$ 和石膏激发下,活性混合材中的活性 SiO_2 和活性 Al_2O_3 发生水化反应,生成水化硅酸钙、水化铝酸钙和水化硫铝酸钙。

三、掺混合材硅酸盐水泥的性质及其应用

普通硅酸盐水泥由于混合材掺量较少,其性能与硅酸盐水泥相近。其他掺混合材硅酸盐水泥的性能存在相似之处,但也有各自得特点:

1. 掺混合材硅酸盐水泥的共同特点

(1) 常温下水化硬化较慢,低温时更慢,应加强养护,混凝土制品厂可采用湿热处理。

(2) 早期强度低,后期强度增长较大,不宜低温施工,不适用于有早强要求的工程。

(3) 水化热较低,适用于大体积混凝土。

(4) 抗软水、硫酸盐侵蚀能力强,适用于水工、海港工程。

(5) 抗冻性差、抗碳化能力差,不宜用于干湿交替、受冻建筑,应注意钢筋防锈。

2. 掺混合材硅酸盐水泥的性能差异

(1) 矿渣水泥

保水性较差,因此干缩性较大,养护不当易开裂,抗渗性较差。不宜用于抗渗工程。矿渣水泥耐热(300℃~400℃)性较好,可用于耐热工程。

(2) 火山灰水泥

火山灰颗粒细,泌水性小,故抗渗性较高,宜用于抗渗工程。需水量较大,干缩较大,易

干缩开裂,不宜用于干燥地区。抗冻性较差,不宜用于受冻部位。

（3）粉煤灰水泥

粉煤灰性能与天然火山灰有相似之处。但粉煤灰为球形致密颗粒,所以需水量小,配制成的混凝土流动性较好。粉煤灰水泥的干缩性较小,因而抗裂性较好。

（4）复合水泥

复合水泥中含有两种或两种以上的混合材,因此复合水泥的特性与其所掺混合材的种类,掺量及相对比例有密切关系。

第四节　特种水泥

一、铝酸盐水泥

铝酸盐水泥是以矾土和石灰石作为原料,按适当比例配合进行烧结或熔融,再经粉磨而成,代号 CA。其主要熟料矿物是铝酸一钙和二铝酸一钙。铝酸盐水泥的主要特性如下：

（1）非常高的早期强度（1d 强度可达最高强度的 80% 以上）。适用于紧急抢修工程。

（2）水化热大,且放热速率特别快,不宜用于大体积混凝土工程。

（3）耐热可达 1300℃,适用于配制耐热混凝土如高温窑炉炉衬等。

（4）30℃以上的潮湿环境导致水化产物晶型转变,强度显著降低,因此不宜蒸汽养护、高温季节施工,不宜用于温湿环境。适宜的硬化温度为 15℃。也正由于这点,不宜用于长期承载结构。

（5）抗硫酸盐性能很强,适合抗硫酸盐工程;抗碱性极差,不得用于碱性溶液环境。

（6）与硅酸盐水泥或石灰相混会产生闪凝现象,且产生膨胀开裂,施工时应避免相混。

二、硫铝酸盐水泥

将铝质原料（如矾土）、石灰质原料（如石灰石）和石膏适当配合,煅烧成以无水硫铝酸钙矿物 $C_4A_3\bar{S}$ 为主的熟料,该熟料掺适量石膏共同磨细,即可制得硫铝酸盐水泥。

其主要特性如下：

（1）凝结速度较快;早期强度高,后期强度发展缓慢,但不倒缩。硫铝酸盐水泥可用于抢修工程、冬季施工工程、地下工程、配制膨胀水泥和自应力水泥。

（2）空气中收缩小,抗冻和抗渗性能良好,抗硫酸盐性能很强。

（3）因水泥液相碱度小,可用于配制玻璃纤维砂浆。

三、氟铝酸盐水泥

氟铝酸盐水泥是以铝质原料、石灰质原料、萤石（或再加石膏）经适当配合,煅烧成以氟铝酸钙（$C_{11}A_7 \cdot CaF_2$）起主导作用的熟料,再与石膏一起磨细而成。

氟铝酸盐水泥水化、凝结硬化极快,水泥石结构致密,不仅早强高,而且后强稳定。氟铝酸盐水泥可制成锚喷用的喷射水泥。在用作抢修工程时,可根据使用要求及气温条件,采用缓凝剂调节。该水泥还具有良好的抗化学侵蚀性。

四、膨胀水泥

膨胀水泥由强度组分和膨胀组分组成。膨胀组分在水化初期生成具有膨胀性的水化物,在未加限制的情况下,使水泥石或混凝土产生显著的膨胀。

膨胀水泥在凝结硬化过程中生成具有膨胀性的水化物(钙矾石),故在凝结硬化时体积不但不收缩反而有所膨胀。膨胀水泥的基本要求是:有适当的膨胀值,有高的强度及增长率。常用品种有硅酸盐膨胀水泥、铝酸盐膨胀水泥等、硫铝酸盐膨胀水泥。

膨胀水泥主要用于配制收缩补偿混凝土,以防止混凝土收缩裂缝以及混凝土构件尺寸的变化。主要用于构件的接缝及管道接头,混凝土结构的加固和修补,防渗堵漏工程,机器底座及地脚螺丝的固定等。

水泥膨胀时,如受到钢筋等的约束,会使水泥混凝土自身受到压应力,即所谓的自应力。自应力值$\geqslant 2.0$MPa的称为自应力水泥;自应力值< 2.0MPa(通常约0.5MPa),则称为膨胀水泥。自应力水泥适用于制造低预应力值的自应力钢筋混凝土构件,如压力管、楼板等。

习 题 与 解 答

一、名词解释

1. 硅酸盐水泥 2. 标准稠度用水量 3. 体积安定性 4. 水泥的初凝和终凝 5. 水化热 6. 碱性激发剂和硫酸盐激发剂 7. 粒化高炉矿渣 8. 火山灰质混合材 9. 粉煤灰 10. 膨胀水泥

名词解释答案

1. 硅酸盐水泥:凡以适当成分的生料烧至部分熔融,所得以硅酸钙为主要成分的硅酸盐水泥熟料,加入适量石膏,磨细制成的水硬性胶凝材料,称为硅酸盐水泥。我国的硅酸盐水泥有P.Ⅰ和P.Ⅱ型,后者允许掺加不超过水泥质量5%的石灰石或粒化高炉矿渣混合材。

2. 标准稠度用水量:水泥浆体达到标准稠度所需的用水量。作为水泥凝结时间和安定性检验时的加水量。

3. 体积安定性:水泥石在硬化过程中体积变化的均匀性。

4. 水泥的初凝和终凝:水泥的凝结时间分初凝和终凝。初凝为水泥加水拌和始至标准稠度净浆开始失去可塑性所经历的时间;终凝则为水泥加水拌和开始至浆体完全失去可塑性并开始产生强度所经历的时间。

5. 水化热:水泥在水化过程放出的热,称为水泥的水化热。

6. 碱性激发剂和硫酸盐激发剂:氢氧化钙和石膏的存在使活性混合材料的潜在活性得以发挥,即氢氧化钙和石膏起着激发水化、促进凝结硬化的作用,称为激发剂。

7. 粒化高炉矿渣:炼铁高炉的熔融矿渣经水淬急冷形成的疏松颗粒,即为粒化高炉矿渣。

8. 火山灰质混合材:凡天然的及人工的以氧化硅、氧化铝为主要成分的矿物质原料,磨成细粉加水后并不硬化,但与石灰混合后再加水拌和,则不但能在空气中硬化,而且能在水中继续硬化者称为火山灰质混合材。

9. 粉煤灰:燃煤发电厂电收尘器收集来的细灰即为粉煤灰。

10. 膨胀水泥:在凝结硬化过程中体积能产生膨胀的水泥。

二、问答题

1. 今有 A,B 两类硅酸盐水泥熟料,其矿物组成列于下表,试分析以下两种水泥性能有何差异? 为什么?

种　　类 \ 矿物组成 / %	C_3S	C_2S	C_3A	C_4AF
A	58	16	11	15
B	39	39	6	16

答:由 A 组硅酸盐水泥熟料配制的硅酸盐水泥的强度发展速度、水化热、28 d 的强度均高于由 B 组硅酸盐水泥熟料配制的硅酸盐水泥,但耐腐蚀性则低于由 B 组硅酸盐水泥熟料配制的硅酸盐水泥。

出现上述差异的主要原因是 A 组熟料中,C_3S 和 C_3A 的含量均高于 B 组熟料,因而出现了上述性能上的差异。

2. 请叙述硅酸盐水泥主要水化产物。

答:硅酸盐水泥的水化产物有水化硅酸钙 C－S－H、水化铁酸钙 CFH、氢氧化钙 CH、水化铝酸钙 C_3AH_6 或 C_4AH_{12}、高硫型和低硫型水化硫铝酸钙。

水化硅酸钙 C－S－H 和水化铁酸钙 CFH 为凝胶,其余为晶体。

在充分水化的水泥石中,C－S－H 凝胶约占 70%,$Ca(OH)_2$ 约占 20%,钙矾石和单硫型水化硫铝酸钙约占 7%。

3. 请描述水泥石的组成。

水泥石结构是由未水化的水泥颗粒、水化产物以及孔隙组成,水化产物晶体共生、交错,形成结晶网络结构,在水泥石中起重要的骨架作用,水化硅酸钙凝胶填充于其中。

4. 生产硅酸盐水泥时,为什么要加入适量的石膏?

答:为了延长水泥的凝结时间,即为了缓凝,以便使施工有足够的时间。

5. 为什么生产硅酸盐水泥时掺适量石膏对水泥不起破坏作用,而硬化水泥石遇到硫酸盐溶液的环境时生成的石膏就有破坏作用?

答:硫酸盐对水泥石有腐蚀作用,是因为膨胀性产物高硫型水化硫铝酸钙是在变形能力很小的水泥石内产生的,故可以把水泥石胀裂。

生产水泥时掺入的适量石膏也会和水化产物 C_3AH_6 反应生成膨胀性产物高硫型水化硫铝酸钙,但该水化产物主要在水泥浆体凝结前产生,凝结后产生的较少。但此时由于水泥浆还未凝结,尚具有流动性或可塑性,因而对水泥浆体的结构无破坏作用。并且硬化初期的水泥石中毛细孔含量较高,可以容纳少量膨胀的钙矾石,而不会使水泥石开裂,因而无破坏作用,只起到了缓凝的作用。若生产时掺入的石膏过多,在水泥凝结硬化后还继续产生高硫型水化硫铝酸钙,此时对水泥石将有破坏作用。

6. 简述检验水泥强度的方法以及强度等级的评定。

答:水泥强度检验是根据国家标准规定,水泥和标准砂按质量比 1∶3 混合,用 0.5 的水灰比拌制成塑性胶砂,按规定的方法制成尺寸为 40 mm×40 mm×160 mm 棱柱体试件,试件成型后连模一起在(20±1)℃湿气中养护 24 h,然后脱模在(20±1)℃水中养护,测定 3 d 和 28 d 强度。

硅酸盐水泥的强度等级是以标养条件下养护 3 d 和 28 d 时的抗压和抗折强度来评定的。

7. 什么是水泥的体积安定性?产生体积安定性不良的原因及危害有哪些?

答:体积安定性指水泥石在硬化过程中体积变化的均匀性。如产生不均匀变形,即会使构件产生翘曲或开裂,称为体积安定性不良。

产生体积安定性不良的原因是:①f-CaO 过多;②f-MgO 过多;③石膏掺量过多。

上述 3 个原因均是由于它们在水泥硬化后,继续产生水化反应,出现膨胀性产物,从而使水泥石或混凝土受到破坏。

体积安定性不良的水泥,会出现翘曲变形或膨胀性裂纹,使混凝土或水泥制品开裂、甚至造成结构完全破坏。因而体积安定性不良的水泥不能用于工程中。

8. 侵蚀水泥石的环境因素有哪些?

答:侵蚀水泥石的环境因素主要有:淡水(软水)、酸与酸性水、硫酸盐和镁盐以及含碱溶液等。液态的腐蚀介质较固体状态引起的腐蚀更为严重,较高的温度、较快的流速或较高的压力及干湿交替等均可加速腐蚀过程。

9. 为什么流动的软水或是具有压力的软水对水泥石腐蚀作用较不流动或无压力的软水更大?

答:因水泥石中的氢氧化钙 $Ca(OH)_2$ 可以微溶于水,故当水泥石遇到流水或具有压力的软水时,水泥石中的 $Ca(OH)_2$ 可以被流水或压力水不断地溶解并随水流失,从而引起水泥石孔隙率增加,使水泥石强度下降,并且 $Ca(OH)_2$ 浓度的降低会造成某些水化产物分解溶蚀,使水泥石遭受进一步破坏。所以流动的软水或具有压力的软水,对水泥石腐蚀作用更大。

10. 硬水为何对水泥石没有侵蚀作用?

答:含有重碳酸盐的硬水对水泥石无腐蚀作用,反而对水泥石有保护作用。硬水与水泥石接触时,会发生下述反应:

$$Ca(HCO_3)_2 + Ca(OH)_2 + H_2O \longrightarrow CaCO_3 + H_2O$$
$$Mg(HCO_3)_2 + Ca(OH)_2 + H_2O \longrightarrow CaCO_3 + MgCO_3 + H_2O$$

生成的 $CaCO_3$ 和 $MgCO_3$ 几乎不溶于水,且强度远大于 $Ca(OH)_2$,且沉淀在水泥石表面孔隙中的 $CaCO_3$ 和 $MgCO_3$ 对水泥石起到了提高密实度,尤其是堵塞毛细孔的作用,故对水泥石不仅无腐蚀作用,而且有保护作用。

11. 为什么镁盐会对水泥石造成腐蚀?

答:常见的镁盐主要为 $MgCl_2$ 或 $MgSO_4$,它们均可和水泥石中的 $Ca(OH)_2$ 反应生成 $Mg(OH)_2$ 和 $CaCl_2$ 或 $CaSO_4 \cdot 2H_2O$。$Mg(OH)_2$ 疏松,强度低;$CaCl_2$ 则极易溶解于水,引起孔隙率大大增加;$CaSO_4 \cdot 2H_2O$ 则会带来硫酸盐腐蚀。故镁盐对水泥石有双重的腐蚀作用。

12. 试分析水泥石易受腐蚀的内在原因。防止腐蚀的措施有哪些?

答:易受腐蚀的基本原因有两个。一是水泥石中含有易受腐蚀的成分,主要有 $Ca(OH)_2$、C_3AH_6(或 C_4AH_{12})等;二是水泥石本身不密实,内部含有大量毛细孔隙,使腐蚀性介质渗入到水泥石内部,造成水泥石内部也受到腐蚀。

防止腐蚀主要有三个方面的措施：

（1）合理选择水泥品种：减少易受腐蚀成分的含量，即需选择 C_3S 和 C_3A 含量少的水泥或掺活性混合材料的水泥或在使用水泥时掺入部分活性混合材料；

（2）提高密实度：应采用各种措施降低水灰比，减少孔隙率，使水泥石密实度增加；

（3）加保护层：腐蚀作用强烈时，可采用贴面材料或涂料等材料作为保护层。

13. 常用活性混合材料有哪些？它们的活性来源是什么？

答：常用活性混合材料主要有粒化高炉矿渣，火山灰质混合材料（常用的有火山灰、硅藻土等）和粉煤灰等。活性混合材料的活性主要来自它们所含的玻璃态的氧化硅和氧化铝，即所谓活性 SiO_2 和 Al_2O_3。

14. 掺混合材的硅酸盐水泥与硅酸盐水泥（或普通水泥）相比在组成和性能上有何区别？

答：矿渣水泥（或火山灰水泥、粉煤灰水泥）的组成中含有较多的粒化高炉矿渣（或火山灰质混合材料、粉煤灰），而硅酸盐水泥（或普通水泥）的组成中不含或含有很少的混合材料。此外，它们均含有硅酸盐水泥熟料和适量石膏。

与硅酸盐水泥（或普通水泥）相比，矿渣水泥（或火山灰水泥、粉煤灰水泥）性能上具有以下不同：

（1）早期强度低，后期强度发展快　这是因为掺混合材料的硅酸盐水泥熟料含量少，且有二次反应的特点，活性混合材料的水化速度慢，故早期强度低。但后期因熟料水化生成的 $Ca(OH)_2$ 不断增多并和活性混合材料中的活性 SiO_2，Al_2O_3 不断水化，从而生成较多水化产物，故后期强度发展快，甚至可以超过同强度等级的硅酸盐水泥（或普通水泥）。

（2）水化热低　因熟料含量少，故水化热低。虽然活性材料水化时也放热，但放热量很少，远远低于熟料的水化热。

（3）耐腐蚀性好　因硅酸盐水泥熟料少，故熟料水化后，易受腐蚀的成分 $Ca(OH)_2$ 和 C_3AH_6 较少，且活性混合材料的水化进一步降低了 $Ca(OH)_2$ 的数量，故耐腐蚀性较好。

（4）抗碳化性较差　因水化后水泥石中的 $Ca(OH)_2$ 含量较少，水泥石易中性化。

15. 为什么矿渣水泥、火山灰水泥、粉煤灰水泥不宜用于较低温度施工的工程或早期强度要求高的工程。

答：因为这3种水泥均掺有较多的活性混合材料，而活性混合材料的水化速度慢，特别是低温条件下水化速度更慢，故早期强度低。因而这3种水泥不适合早期强度要求高的工程，也不适合低温条件下施工的工程。

16. 有关规范规定在通常条件下存放3个月以上的水泥需要重新检验其强度，为何？

答：因在存放期间，一部分水泥会吸收空气中的水分和二氧化碳，使水泥颗粒表面水化甚至碳化，丧失胶凝能力，强度大为降低。正常存放3个月的水泥，强度约降低 $10\% \sim 20\%$，若环境较潮湿，则强度降低得更多。故对存放期超过3个月或受潮的水泥应重新检验强度等级，按检验结果使用。

17. 铝酸盐水泥为什么不宜用于温湿环境及长期承载的结构？

答：在温湿条件下，铝酸盐水泥的水化产物 C_2AH_8，CAH_{10} 均会向 C_3AH_6 转化，放出大量的水，使水泥石孔隙率大大增加，强度急剧下降。上述转化即使在较低温度下也会缓慢发生。故铝酸盐水泥不适合用于温湿环境，也不适合用于长期承载的结构。

18. 为什么铝酸盐水泥一般不能与硅酸盐类水泥或含石灰的材料混合使用？

答：当铝酸盐水泥与硅酸盐类水泥或石灰等材料混合使用时，铝酸盐水泥的水化产物与 $Ca(OH)_2$ 迅速反应生成高碱性的水化铝酸钙 C_3AH_6，使水泥出现快凝或闪凝，从而无法使用。故一般情况下不得混用，也不宜在未凝固以前相接触。

19. 现有建筑石膏、白色硅酸盐水泥、生石灰粉、石灰石粉 4 种白色粉末，请用所学知识加以鉴别（化学分析方法除外）。

答：取相同质量的 4 种粉末，分别加入适量的水拌和，成为同一稠度的浆体。在 5～30 min 内凝结硬化并具有一定强度的为建筑石膏；在 45 min 到 12 h 内凝结硬化的为白色水泥；放热量最大且有大量水蒸气产生的为生石灰粉；加水后没有任何反应（如放热、凝结、硬化等）为白色石灰石粉。

20. 下列混凝土工程中，应优先选用哪种水泥？说明理由。

(1) 厚大体积混凝土工程；　　　　　　　(8) 有抗渗（防水）要求的混凝土工程；

(2) 高强度混凝土工程；　　　　　　　　(9) 采用湿热养护的混凝土构件；

(3) 处于干燥环境中的混凝土工程；　　　(10) 高温炉或工业窑炉的混凝土基础；

(4) 严寒地区受反复冻融的混凝土工程；　(11) 水下混凝土工程；

(5) 与流水接触的混凝土工程；　　　　　(12) 水位变化区的混凝土工程（非受冻）；

(6) 接触硫酸盐介质的混凝土工程；　　　(13) 冬季施工混凝土工程。

(7) 混凝土地面或路面工程；

答：(1) 矿渣水泥或火山灰水泥、粉煤灰水泥、复合水泥。因它们均有较低的水化热。

(2) 硅酸盐水泥，也可使用普通水泥。因它们具有较高的强度等级。

(3) 普通水泥。因干缩较小。

(4) 硅酸盐水泥或普通水泥。因它们的抗冻性高。

(5) 矿渣水泥或火山灰水泥、粉煤灰水泥、复合水泥。因它们均具有较高的抗软水侵蚀性。

(6) 矿渣水泥或火山灰质水泥、粉煤灰水泥、复合水泥。因它们均具有较好的抗硫酸盐腐蚀性。但不宜用烧黏土质火山灰水泥。

(7) 硅酸盐水泥或普通水泥。因它们具有较高的耐磨性。

(8) 火山灰水泥或普通水泥。因它们均具有较高的抗渗性。

(9) 矿渣水泥或火山灰水泥、粉煤灰水泥、复合盐水泥。因这 4 种水泥均适合高温养护，即采用高温养护可使混凝土的早期和后期强度均提高。

(10) 矿渣水泥。因矿渣水泥有较好的耐热性。

(11) 矿渣水泥或火山灰水泥、粉煤灰水泥、复合水泥。因它们均有较高的抗流动软水或压力水侵蚀性。

(12) 普通水泥。因其干缩小，在干湿交替作用下不易开裂，同时其耐软水侵蚀性也较好。

(13) 快硬硅酸盐水泥或硅酸盐水泥、普通水泥。因它们的早期强度高，且水化热大，故有利于混凝土防冻并可加快施工进度。

三、填空题

1. 硅酸盐水泥熟料中硅酸盐相矿物组成为 _____ 、_____ ；中间相矿物组成为 _____ 、_____ 。简写为 _____ 、_____ 、_____ 、_____ 。

2. 石膏在硅酸盐水泥中起到_____的作用,在掺混合材的硅酸盐水泥中起到_____和_____的作用。

3. 在硅酸盐水泥矿物组成中,水化放热量最大且最快的为_____,其次为_____,水化放热量最小,最慢的为_____。对前期强度起决定性影响的为_____。对后期强度提高有较大影响的为_____。

4. 硅酸盐水泥的主要水化产物有_____、_____、_____、_____和_____;其中,结构为凝胶的是_____和_____,结构为晶体的是_____、_____和_____。所有水化产物中_____在水中有一定的溶解度。

5. 改变硅酸盐水泥的矿物组成可制得具有不同特性的水泥,提高_____含量,可制得高强水泥,提高_____和_____的含量,可制得快硬早强水泥,降低_____和_____的含量,提高_____的含量,可制得中、低热水泥;提高_____含量、降低_____含量可制得道路水泥。

6. 增加用水量将使水泥的凝结硬化_____。

7. 提高环境温度能_____水泥的凝结硬化速度。

8. 检验水泥安定性的方法沸煮法分为_____法和_____法两种。当两种方法测定结果发生争议时以_____为准。

9. 水泥初凝时间是指自_____起,到水泥浆_____为止所需的时间。初凝的作用是为了_____。终凝时间是指自_____起,至水泥浆_____开始产生强度为止所需的时间。

10. 在生产硅酸盐水泥时掺入适量石膏后,石膏可与水泥熟料水化生成的_____反应,生成难溶于水的_____,减少了_____,从而_____水泥浆的凝聚速度,但如果石膏加入量过大会造成水泥_____不良的后果。

11. 活性混合材的激发剂分为_____和_____两类。

12. 掺混合材硅酸盐水泥的水化首先是_____的水化,然后水化生成的_____与_____发生反应。故掺混合材硅酸盐水泥的水化为二次反应(或二次水化反应)。

13. 硬化后水泥石结构主要是由_____、_____和_____等组成结构体。

14. 水泥石腐蚀的类型主要有_____、_____、_____、_____。

15. 水泥的水化热多,有利于_____施工,而不利于_____工程。

16. 掺混合材的硅酸盐水泥与硅酸盐水泥相比,其具有早期强度_____,后期强度_____,水化热_____,耐软水和硫酸盐侵蚀性_____,其蒸汽养护效果_____,抗冻性_____,抗碳化能力_____的特性。其中矿渣水泥具有_____好,火山灰水泥在干燥条件下_____差,在潮湿条件下_____好,粉煤灰水泥具有_____小、_____好的特性。

17. 抗淡水侵蚀强,抗渗性高的混凝土宜选用_____水泥;我国南方水位变化区(淡水)的工程,宜选用_____水泥;我国北方,冬季施工混凝土宜选用_____水泥;要求早强高、抗冻性好的混凝土宜选用_____水泥;填塞建筑物接缝的混凝土宜选用_____水泥。

填空题答案

1. 硅酸三钙,硅酸二钙,铝酸三钙,铁铝酸四钙,C_3S,C_2S,C_3A,C_4AF　2. 缓凝,缓凝,激发剂　3. C_3A,C_3S,C_2S,C_3S,C_2S　4. 水化硅酸钙,氢氧化钙,水化铝酸钙,水化铁酸钙,水化硫铝酸钙,水化硅酸钙,水化铁酸钙,氢氧化钙,水化铝酸钙,水化硫铝酸钙,氢氧化钙　5. C_3S,C_3S,C_3A,C_3S,C_3A,C_2S,C_4AF,C_3A　6. 减慢　7. 加快　8. 试饼,雷氏夹,雷氏夹法　9. 水泥加水,开始失去可塑性,保证搅拌、运输、浇注、振捣等施工过程,水泥加水,完全失去可塑性　10. 水化铝酸三钙,钙矾石,水化铝酸钙,减缓,体积安定性　11. 碱性激发剂,硫酸盐激发剂　12. 熟料矿物,氢氧化钙,活性混合材　13. 水化产物,孔隙,未水化水泥颗粒　14. 软水腐蚀,盐类腐蚀,酸类腐蚀,碱类腐蚀　15. 冬季混凝土,大体积混凝土　16. 低,高,低,好,好,差,差,耐热性,大气稳定性,抗渗性,干缩,抗裂性　17. 火山灰,矿渣,硅酸盐或普通,硅酸盐,膨胀

四、选择题

1. 生产水泥时,若掺入过多石膏,可能获得的结果是 _____ 。
　　A. 水泥不凝结;　　　　　　　　　　　B. 水泥的强度降低;
　　C. 水泥的体积安定性不良;　　　　　　D. 水泥迅速凝结。

2. 水泥强度检验时,按质量计水泥与标准砂是按 _____ 的比例,用 _____ 的水灰比来拌制胶砂的。
　　A. 1:2;　　　　B. 1:2.5;　　　　C. 1:3;　　　　D. 0.5;
　　E. 0.45;　　　　F. 0.6。

3. _____ 水泥泌水严重,抗渗性差。
　　A. 火山灰;　　　　B. 矿渣;　　　　C. 粉煤灰。

4. 铝酸盐水泥最适宜的硬化温度为 _____ ℃。
　　A. 10;　　　　B. 15;　　　　C. 20;　　　　D. 25;
　　E. 30。

5. 高层建筑基础工程的混凝土宜优先选用 _____ 。
　　A. 普通水泥;　　　　B. 矿渣水泥;　　　　C. 火山灰水泥。

6. 在江河桥梁建设中,不宜采用 _____ 水泥,拌制混凝土。
　　A. 普通水泥;　　　　B. 矿渣水泥;　　　　C. 火山灰水泥。

7. 为了制造快硬高强水泥,不能采用 _____ 的措施。
　　A. 加大水泥比表面积;　　　　　　　　B. 提高石膏含量;
　　C. 增加 C_3A 和 C_2S 含量。

8. 某工程中用普通水泥配制的混凝土产生裂纹,不是因为 _____ 而开裂。
　　A. 水化后体积膨胀;　　　　　　　　　B. 干缩变形;
　　C. 水泥体积安定性不良。

9. 对于高温(300℃~400℃)车间工程,最好选用 _____ 水泥。
　　A. 普通;　　　　B. 火山灰;　　　　C. 矿渣;　　　　D. 高铝。

10. 对干燥环境中的工程,应优先选用 _____ 。
　　A. 火山灰水泥;　　　　B. 矿渣水泥;　　　　C. 普通水泥。

11. 有抗冻要求的混凝土工程,应优先选用_____。

　　A. 矿渣水泥;　　　B. 普通水泥;　　　C. 火山灰水泥。

12. 有硫酸盐腐蚀的环境中,夏季施工的工程应优先选用_____。

　　A. 普通水泥;　　　B. 铝酸盐水泥;　　　C. 矿渣水泥。

13. 在_____条件下,可以选用硅酸盐水泥。

　　A. 流动水;　　　B. 含碳酸的水;　　　C. 含重碳酸盐水。

14. 大体积混凝土应选用_____。

　　A. 矿渣水泥;　　　B. 硅酸盐水泥;　　　C. 普通水泥。

15. 在气候干燥的环境中,不宜采用_____配制混凝土。

　　A. 火山灰水泥;　　　B. 矿渣水泥;　　　C. 普通水泥。

16. 在拌制混凝土选用水泥时,在_____时,需对水泥中的碱含量加以控制。

　　A. 骨料表面有酸性污染物;　　　　　　B. 骨料中含非晶体二氧化硅;

　　C. 用于制作盛酸性介质的设备。

17. _____工程宜优先选用硅酸盐水泥。

　　A. 预应力混凝土;　　　B. 耐碱混凝土;　　　C. 地下室混凝土。

18. 用掺混合材的硅酸盐水泥拌制的混凝土最好采用_____。

　　A. 标准条件养护;　　　B. 水中养护;　　　C. 湿热养护。

19. 掺混合材的硅酸盐水泥品种中,抗渗性较差的是_____。

　　A. 粉煤灰硅酸盐水泥;　　　　　　　　B. 矿渣硅酸盐水泥;

　　C. 火山灰硅酸盐水泥;　　　　　　　　D. 复合硅酸盐水泥。

20. 道路硅酸盐水泥的熟料矿物组成特点是_____。

　　A. C_3A 多,C_4AF 少;　　　　　　　B. C_3S 多,C_4AF 少;

　　C. C_3A 少,C_4AF 多;　　　　　　　D. C_3A 多,C_4AF 多。

21. 道路水泥混凝土,选用水泥时的主要依据是_____。

　　A. 水泥的抗压强度;　　　　　　　　　B. 水泥的凝结时间;

　　C. 水泥的水化热;　　　　　　　　　　D. 水泥的抗折强度。

22. 下列水泥品种中,混合材含量最高的是_____。

　　A. P·O;　　　B. P·S;　　　C. P·Ⅱ;　　　D. P·Ⅰ。

23. _____的硅酸盐水泥,抗化学侵蚀性能好。

　　A. C_3A 含量多,C_3S 含量多,C_2S 含量少;

　　B. C_3A 含量多,C_3S 含量少,C_2S 含量多;

　　C. C_3A 含量少,C_3S 含量多,C_2S 含量少;

　　D. C_3A 含量少,C_3S 含量少,C_2S 含量多。

选择题答案

1. C　**2.** C,D　**3.** B　**4.** B　**5.** C　**6.** A　**7.** B　**8.** A　**9.** C　**10.** C　**11.** B　**12.** C

13. C　**14.** A　**15.** A　**16.** B　**17.** A　**18.** C　**19.** B　**20.** C　**21.** D　**22.** C　**23.** D

五、是非题(正确的写"T",错误的写"F")

1. 水泥熟料中含有的游离 CaO 必定是过火石灰。(　　)

2. 硅酸盐水泥细度越细越好。（　　　）

3. 影响水泥石强度的最主要因素是水泥熟料的矿物组成与水泥的细度,而与拌和加水量的多少关系不大。（　　　）

4. 硅酸盐水泥的水化热大、抗冻性好,因此其特别适用于冬季施工。（　　　）

5. 因为用水量是水泥凝结时间的主要因素,所以要测定水泥的标准稠度用水量,并以此值作为水泥凝结时间测定的加水量依据。（　　　）

6. 所谓的矿渣水泥是指由粒化高炉矿渣加入适量的激发剂(氢氧化钙和石膏)制成的。（　　　）

7. 含重碳酸盐多的湖水中,不能使用硅酸盐水泥来配制混凝土。（　　　）

8. 凡含有二氧化碳的水均对硅酸盐水泥有腐蚀作用。（　　　）

9. 火山灰水泥由于其标准稠度用水量大,而水泥水化的需水量是一定的,故其形成的泌水孔洞和毛细管数量多,故其抗渗性差。（　　　）

10. 活性混合材料之所以具有水硬性,是因其主要化学成分为活性氧化硅和活性氧化钙。（　　　）

11. 生产混合材水泥的主要原因在于增加产量和降低成本。（　　　）

12. 碱骨料反应是水泥水化产生的碱性成分 $Ca(OH)_2$ 与混凝土骨料中活性 SiO_2 发生的反应。（　　　）

13. 生产水泥时,掺入石膏的目的是提高水泥的强度。（　　　）

14. 硅酸盐水泥中含有氧化钙、氧化镁及过多的石膏,都会造成水泥的体积安定性不良。（　　　）

15. 用沸煮法可以全面检验硅酸盐水泥的体积安定性是否良好。（　　　）

16. 硅酸盐水泥的水化产物中,含量最多的是胶体,它们是水化硅酸钙和水化铝酸钙。（　　　）

17. 水泥水化热是大体积混凝土的不利因素。（　　　）

18. 抗硫酸盐水泥的矿物组成中,C_3A 的含量一定比普通水泥的少。（　　　）

19. 水泥和熟石灰混合使用会引起体积安定性不良。（　　　）

20. 水泥储存超过 3 个月,应重新检测,才能决定如何使用。（　　　）

21. 白水泥的矿物组成与硅酸盐水泥完全相同,只是在生产中严格控制了铁的含量。（　　　）

22. 铝酸盐水泥耐热性好,故其在高温季节使用较好。（　　　）

23. 各类硅酸盐水泥,3 d 强度值达到国家标准对其要求的强度值,并且推测 28 d 能达到国家标准,即被允许出厂。（　　　）

24. 水泥水化过程中产生的 $Ca(OH)_2$ 和 $3CaO \cdot Al_2O_3 \cdot 6H_2O$ 是引起水泥石腐蚀的内因。（　　　）

25. 快硬硅酸盐水泥不适用于水工工程。（　　　）

是非题答案

1. T　2. F　3. F　4. T　5. T　6. F　7. F　8. F　9. F　10. F　11. F　12. F　13. F　14. T　15. F　16. F　17. T　18. F　19. F　20. T　21. T　22. F　23. T　24. T　25. T

六、计算题

对某一矿渣硅酸盐水泥进行强度检验,检验数据如下,请评定该水泥的强度等级。

抗折/N		抗压/kN	
3 d	28 d	3 d	28 d
1 930	3 050	42	89
		40	92
1 990	3 080	39	93
		37	90
2 010	2 980	41	88
		39	115

试评定其强度等级。

解:(1) 3 d 抗折强度:

破坏荷载平均值 $\overline{F_f}=(1\ 930+1\ 990+2\ 010)/3=1\ 977\ N$

因破坏荷载的最大值与最小值都未超出平均值的$\pm10\%$。

故 $$\overline{R}_{f,3}=\frac{1}{3}(R_{f1}+R_{f2}+R_{f3})=\frac{1}{3}\left(\frac{3R_{f1}L}{2b^2h}+\frac{3R_{f2}L}{2b^2h}+\frac{3R_{f3}L}{2b^2h}\right)=4.6\ MPa$$

(2) 28 d 抗折强度:

破坏荷载平均值 $\overline{F_f}=(3\ 050+3\ 080+2\ 980)/3=3\ 037\ N$

因破坏荷载的最大值与最小值都未超出平均值的$\pm10\%$。

故 $$\overline{R}_{f,3}=\frac{1}{3}(R_{f1}+R_{f2}+R_{f3})=\frac{1}{3}\left(\frac{3R_{f1}L}{2b^2h}+\frac{3R_{f2}L}{2b^2h}+\frac{3R_{f3}L}{2b^2h}\right)=7.1\ MPa$$

(3) 3 d 抗压强度:

破坏荷载平均值 $\overline{F_c}=(42+40+39+37+41+39)/6=40\ kN$

因破坏荷载的最大值与最小值都未超出平均值的$\pm10\%$。

故

$$\overline{R}_{c,3}=\frac{1}{6}\left(\frac{42\times1\ 000}{40\times40}+\frac{40\times1\ 000}{40\times40}+\frac{39\times1\ 000}{40\times40}+\frac{37\times1\ 000}{40\times40}\right.$$
$$\left.+\frac{41\times1\ 000}{40\times40}+\frac{39\times1\ 000}{40\times40}\right)$$
$$=24.8\ MPa$$

(4) 28 d 抗压强度:

破坏荷载平均值 $\overline{F_c}=(89+92+93+90+88+115)/6=94.5\ kN$

因只有破坏荷载的最大值与平均值之差超出$\pm10\%$,剔除该值,取剩余的5个数据计算平均值。

故 $\quad \bar{R}_{c,3} = \dfrac{1}{5}\left(\dfrac{89\times1\,000}{40\times40} + \dfrac{92\times1\,000}{40\times40} + \dfrac{93\times1\,000}{40\times40} + \dfrac{90\times1\,000}{40\times40} + \dfrac{88\times1\,000}{40\times40}\right)$

$\qquad\qquad = 56.5\ \text{MPa}$

根据对应标准,该矿渣水泥的强度等级为 52.5。

第六章 混凝土

混凝土

重点知识提要

由胶凝材料将粗、细骨料胶结而成的固体材料称为混凝土。土木建筑工程对混凝土质量的基本要求是：符合设计要求的强度，与施工条件相适应的和易性，与环境相适应的耐久性，经济性。

第一节 普通混凝土的组成材料

普通混凝土（简称混凝土）是以水泥为胶结材料，以天然砂、石为骨料加水拌合，经过浇筑成型、凝结硬化形成的固体材料。为了改善混凝土拌合物或硬化混凝土的性能，还可在其中加入各种化学外加剂和矿物掺合料。

一、水泥

配制混凝土时，应根据工程性质、部位、施工条件、环境状况等，按各品种水泥的特性合理选择水泥的品种。水泥强度等级的选择，应与混凝土的设计强度等级相适应。一般以选择的水泥强度等级标准值为混凝土强度等级标准值的1.5～2.0倍为宜。

二、骨料

普通混凝土所用骨料按粒径大小分为两种，粒径大于5mm的称为粗骨料，粒径小于5mm的称为细骨料。细骨料有河砂、海砂和山砂，粗骨料有碎石和卵石。

普通混凝土用砂、石的质量要求有：泥和泥块含量、有害物质含量、坚固性、碱活性、级配和粗细程度。砂石的颗粒级配、含泥量和泥块含量是必检项目，石子还必须检验针、片状颗粒含量。

1. 有害物质含量

下列有害物质在骨料中都应限量：妨碍水泥水化的有机物，易解理的云母，强度极低的轻物质，导致混凝土膨胀开裂的硫化物和硫酸盐，促进钢筋锈蚀的氯盐。

骨料中泥和泥块含量较多时，对混凝土的抗拉、抗渗、抗冻及收缩性能均会显著下降。泥遇水成浆状，胶结在骨料表面，不易分离，影响到骨料与水泥石的黏结。泥块在混凝土中成为薄弱环节，对混凝土质量影响极大。有关标准均对粗细骨料的含泥量和泥块含量作出限值规定。

2. 坚固性

坚固性是指骨料在气候、外力或其他外界因素作用下抵抗破碎的能力。通常用快速简便的硫酸钠饱和溶液浸泡法间接地判断骨料的坚固性。

3. 碱活性

骨料中若含有活性氧化硅,会与水泥中的碱发生碱—骨料反应,产生膨胀并导致混凝土开裂。当用于重要工程或对骨料有怀疑时,可采用砂浆长度法对骨料进行碱活性检验。

4. 颗粒级配和粗细程度

骨料的级配指骨料中不同粒径颗粒的分布情况,用筛分析法测定。良好的级配应当能使骨料的空隙率和总表面积均较小,从而不仅使所需水泥浆量较少,而且还可以提高混凝土的密实度、强度及其他性能。

骨料的粗细程度指不同粒径的颗粒混在一起的平均粗细程度。相同数量的骨料,粒径大,则总表面积小,因而需包裹其表面的水泥浆量就少;或相同的水泥浆量,包裹在大粒径骨料表面的水泥浆层就厚,便能减小骨料间的摩擦。

砂的筛分析方法是用一套标准筛,将抽样所得 500g 干砂,由粗到细依次过筛,然后称得留在各筛上砂的重量,并计算出各筛上的分计筛余百分率(各筛上的筛余量占砂样总重量的百分率)及累计筛余百分率,如表 6-1 所示。砂级配按 0.630mm 筛孔的累计筛余百分率计划分成三个级配区,土木工程用砂的级配应符合三个级配区中的任何一个。

表 6-1   分计筛余合累计筛余的计算(G 为试样总量:500g,g 为各筛的筛余量)

筛孔公称尺寸/mm	分计筛余 a/%	累计筛余 A/%
5.00	$a_1=(g_1/G)\times100$	$A_1=a_1$
2.50	$a_2=(g_2/G)\times100$	$A_2=a_1+a_2$
1.25	$a_3=(g_3/G)\times100$	$A_3=a_1+a_2+a_3$
0.63	$a_4=(g_4/G)\times100$	$A_4=a_1+a_2+a_3+a_4$
0.315	$a_5=(g_5/G)\times100$	$A_5=a_1+a_2+a_3+a_4+a_5$
0.160	$a_6=(g_6/G)\times100$	$A_6=a_1+a_2+a_3+a_4+a_5+a_6$

砂的粗细程度用细度模数 M_x 表示,$M_x=[(A_2+A_3+A_4+A_5+A_6)-5A_1]/(100-A_1)$。根据细度模数的大小,将砂分为粗砂、中砂、细砂和特细砂。三个级配区中,Ⅱ区砂的粗细适中,应优先选用;Ⅰ区砂较粗,Ⅲ区砂较细,使用时应适当调整混凝土的配合比。

石子的级配分为 6 种连续粒级和 5 种单粒级。连续粒级可以直接用于配制混凝土;单粒级宜用于组合成连续粒级,也可与连续粒级混合使用,不宜用单一的单粒级石子配制混凝土。

粗骨料公称粒级的上限称为最大粒径,可用来衡量粗骨料的粗细程度。为节约水泥,最大粒径应尽量用得大些;但最大粒径大于 40mm 时,有可能造成混凝土强度下降。

5. 骨料的形状和表面特征

骨料的颗粒形状近似球状或立方体形,且表面光滑时,表面积较小,对混凝土流动性有利,然而表面光滑的骨料与水泥石粘结较差。石子中的针状颗粒是指长度大于该颗粒所属粒级平均粒径(该粒级上、下限粒径的平均值)的 2.4 倍者;而片状颗粒是指其厚度小于平均粒径 0.4 倍者。针、片状颗粒不仅受力时易折断,而且会增加骨料间的空隙,规范对针、片状颗粒含量的限量均提出要求。

碎石和卵石的强度用压碎指标衡量,其值越小,说明粗骨料抵抗受压破碎能力越强。

三、混凝土用水

混凝土用水需保证水的 pH 值大于 4,尚需限制不溶物、可溶物、氯化物和硫酸盐的含量。主要目的是不影响混凝土的凝结和硬化;无损于混凝土强度发展及耐久性;不加快钢筋锈蚀;不引起预应力钢筋脆断;不污染混凝土表面。

四、外加剂

混凝土外加剂是指在拌制混凝土过程中掺入的用以改善混凝土性能的物质。一般将混凝土外加剂分为化学外加剂和矿物掺合料。化学外加剂其掺量一般不大于水泥重量的 5%,按其主要功能分为五大类:改善新拌混凝土流变性能、调节混凝土凝结硬化性能、调节混凝土气体含量、改善混凝土耐久性、为混凝土提供特殊性能;矿物掺合料即指在混凝土拌合物制备时,为了节约水泥、改善混凝土性能、调节混凝土强度等级而加入的天然或者人造的矿物材料,统称为矿物掺合料。

1. 常用化学外加剂

(1)减水剂

减水剂属于表面活性剂,它由亲水基团和憎水基团两部分组成。当水泥加水拌合后,由于水泥颗粒间分子凝聚力的作用,使水泥浆形成絮凝结构,包裹了一部分拌合水,降低了混凝土拌合物的流动性。如在水泥浆中加入减水剂,减水剂的憎水基团定向吸附于水泥颗粒表面,使水泥颗粒表面带有相同的电荷。在电性斥力作用下,水泥颗粒分开,从而将絮凝结构内的游离水释放出来。减水剂的这种分散作用使混凝土拌合物在减少用水量的情况下,仍可达到原来的流动性,因而得名。

有些减水剂常伴有副作用,如早强、缓凝或引气,因而相应称为早强减水剂、缓凝减水剂、引气减水剂。减水剂的主要种类有:木质素系减水剂、多环芳香族磺酸盐系减水剂、水溶性树脂系减水剂。目前,新型的高效减水剂有:氨基磺酸盐系减水剂、聚羧酸系减水剂和脂肪族高效减水剂。

(2)引气剂

引气剂是一种表面活性剂,在搅拌混凝土过程中能引入大量均匀分布,稳定而封闭的微小气泡。引气剂可提高混凝土的抗渗性、抗冻性,改善和易性,降低混凝土的强度。

(3)早强剂

早强剂指能加速混凝土早期强度发展的外加剂,适用于冬季施工、紧急抢修工程或加快模板的周转率。常用的有氯化物早强剂,硫酸盐早强剂和三乙醇胺早强剂。

(4)缓凝剂

缓凝剂是能够延缓水泥水化和浆体结构形成的外加剂,能延缓混凝土凝结时间和水泥水化热释放速度,多用于大体积混凝土、泵送及滑模混凝土施工、高温炎热气候下远距离运输的混凝土及分层浇灌混凝土防止出现冷缝。常用品种为木质磺酸钙及糖蜜。

(5)其他外加剂

泵送剂是改善混凝土拌合物泵送性能的外加剂;速凝剂是使混凝土急速凝结、硬化的外加剂;阻锈剂是能阻止或减小混凝土中钢筋锈蚀的外加剂;防冻剂是能使新拌混凝土在负温下免于冻坏,并在规定时间内达到足够强度的外加剂;膨胀剂是能使混凝土在硬化过程中产生微量体积膨胀以补偿收缩,或少量剩余膨胀使体积更为致密的外加剂;防水剂(抗渗剂)是能提高混凝土在静水压力下抗渗性的外加剂。

化学外加剂的选用,如表 6-2 所示。

表 6-2　　　　　　　　　　　　　化学外加剂的选用

混凝土类型		适宜的外加剂
高强混凝土		高效减水剂
早强混凝土		非引气型(或低引气型)高效减水剂、复合早强减水剂
流态混凝土		高效减水剂
泵送混凝土		减水剂(低坍落度损失)、膨胀剂
大体积混凝土		缓凝型减水剂、缓凝剂、引气剂
防水混凝土		减水剂及引气减水剂、膨胀剂、防水剂
蒸汽养护混凝土		复合早强减水剂、高效减水剂、早强剂
自然养护的预制混凝土		普通减水剂、早强型减水剂、高效减水剂
设备安装二次灌浆料		高效减水剂和膨胀剂复合使用
商品(预拌)混凝土		减水剂;夏季及运输距离长时,宜用缓凝减水剂
耐冻融混凝土		引气减水剂、引气剂、减水剂
补偿收缩混凝土		膨胀剂
夏季施工用混凝土		缓凝减水剂、缓凝剂
冬季施工用混凝土	负温地区	早强减水剂、早强剂
	正温地区	防冻剂、早强剂＋防冻剂、引气减水剂＋早强剂＋防冻剂

2. 化学外加剂的掺入方法

外加剂的掺入方法对其作用效果影响颇大。

(1) 先掺法

将粉状外加剂先与水泥混合,然后与粗、细骨料和水一起搅拌。先掺法适用于减水剂、膨胀剂、早强剂、防冻剂。

(2) 同掺法

将外加剂预先溶解成一定浓度的溶液,然后在搅拌时同水一起掺入。同掺法适用于采用减水剂、引气剂、缓凝剂。

(3) 滞水法

搅拌过程中减水剂滞后 1～3min 加入。

(4) 后掺法

减水剂不是在搅拌站搅拌时加入,而是在运输途中或施工现场分几次或一次加入,再经搅拌。后掺法适用于运输距离较远、混凝土的坍落度较大的情况。

3. 矿物掺合料

用于混凝土中的矿物掺合料可分为活性矿物掺合料和非活性矿物掺合料两大类。非活性矿物掺合料一般与水泥组分不起化学作用，或化学作用很小，如磨细石英砂、石灰石、硬矿渣之类材料。活性矿物掺合料虽然本身不硬化或硬化速度很慢，但能与水泥水化生成的$Ca(OH)_2$生成具有水硬性的胶凝材料。如粒化高炉矿渣、火山灰质材料、粉煤灰、硅灰等。

粉煤灰是由燃烧煤粉的锅炉烟气中收集到的细粉末，其颗粒多呈球形，表面光滑。

硅灰又称硅粉或硅烟灰，是从生产硅铁合金或硅钢等所排放的烟气中收集到的颗粒极细的烟尘。硅灰有很高的火山灰活性，可配制高强、超高强混凝土。

粒化高炉矿渣粉是指将粒化高炉矿渣经干燥、磨细达到相当细度的粉状材料。

第二节 混凝土的性能

一、新拌混凝土的性能

新拌混凝土是由混凝土的组成材料拌和而成的尚未凝固的混合物，也称为混凝土拌合物。新拌混凝土的性能必须与工程性质、施工条件相适应，否则将影响到硬化混凝土的性能。

1. 新拌混凝土的和易性

新拌混凝土的和易性，也称工作性，是指混凝土拌合物易于施工操作（拌和、运输、浇注、振捣）并获得质量均匀、成型密实的性能。和易性包括流动性、黏聚性和保水性三项独立的性能。流动性是指混凝土拌合物在自重或机械（振捣）力作用下，能产生流动，并均匀密实地填满模板的性能。黏聚性是指混凝土拌合物各组成材料之间有一定的黏聚力，不致在运输和施工过程中产生分层和离析的现象。保水性是指混凝土拌合物具有一定的保水能力，不致在施工过程中出现严重的泌水现象。

（1）和易性的测定方法

目前，尚没有能够全面反映混凝土拌合物和易性的测定方法。通常是测定混凝土拌合物的流动性，最常用的有坍落度试验和维勃稠度试验。

坍落度试验是将混凝土拌合物按一定方法装满坍落度筒后，平稳地向上提起坍落度筒，量测筒高与坍落后混凝土试体最高点之间的高度差（mm），即坍落度值。进行坍落度试验时应同时考察混凝土的黏聚性及保水性。坍落度法适用于骨料最大粒径不大于40mm，坍落度值大于10mm的塑性、流动性混凝土。

对于坍落度值小于10mm的干硬性混凝土拌合物，通常采用维勃稠度仪测定其维勃稠度。试验时将混凝土拌合物按一定方法装入坍落度筒内，按一定方式捣实，待装满刮平后，将坍落度筒垂直向上提起，把透明盘转到混凝土圆台体顶台，开启振动台，并同时用秒表计时，当振动到透明圆盘的底面被水泥浆布满的瞬间停表计时，并关闭振动台，所读秒数即为该混凝土拌合物的维勃稠度值。

（2）影响和易性的主要因素

① 水泥浆数量、水胶比和单位用水量

水泥浆数量、水胶比和单位用水量这三个因素相互关联，只有两个可以独立变化。

水泥浆在新拌混凝土中起着润滑和黏聚的双重作用。在水泥浆一定的情况下，水胶比越小,水泥浆越黏稠,混凝土的流动性越小;反之,则混凝土流动性越大。若水泥浆过稀,则易造成混凝土保水性不良。混凝土中水泥浆包括填充骨料空隙和包裹骨料表面两部分。水泥浆用量越多,则包裹层越厚,从而骨料内摩擦力越小,混凝土流动性越大。

混凝土拌合物单位用水量增大,其流动性随之增大。实验表明:在采用一定的骨料情况下,如果单位用水量一定,单位水泥用量增减不超过 50~100kg,坍落度大体上保持不变,这一规律通常称为固定用水量定则。

② 砂率

砂率是指细骨料含量占骨料总量的百分数。砂率对拌合物的和易性有很大影响。

一方面砂粒组成的砂浆在拌合物中起着润滑作用,这可减少粗骨料之间的摩擦力;另一方面砂率增大的同时,骨料的总表面积必随之增大,需要润湿表面的水分增多,在一定用水量的条件下,拌合物流动性降低,所以当砂率增大超过一定范围后,流动性反而随砂率增加而降低。因此,砂率有一合理值,采用合理砂率时,在用水量和水泥用量不变的情况下,可使拌合物获得所要求的流动性和良好的黏聚性与保水性。

③ 组成材料特性

• 水泥的影响较小,需水性大的水泥比需水性小的水泥配制的拌合物,在其他条件一定的情况下,流动性变小,但其黏聚性和保水性较好。

• 骨料对拌合物和易性的影响较大。级配好的骨料,其拌合物流动性较大,黏聚性与保水性较好,扁平和针状骨料较少而球形骨料较多时,拌合物流动性较大;表面光滑的骨料,如河砂、卵石,其拌合物流动性较大;骨料的最大粒径增大,由于其表面积减小,故其拌合物流动性较大。

• 外加剂对拌合物的和易性有较大影响。如加入减水剂可大幅度提高拌合物的流动性,改善黏聚性,降低泌水性;或在保持原流动性的情况下,大幅度减少用水量。

④ 温度和时间

混凝土拌合物的流动性随温度的升高而降低,随时间的延长而变得干硬。

2. 新拌混凝土的凝结时间

混凝土的凝结时间采用贯入阻力仪测定。通常情况下,混凝土需 6~10h 凝结,但水泥的组成、环境温度和外加剂都会对凝结时间产生影响。

二、硬化混凝土的性能

1. 混凝土的抗压强度

混凝土立方体试件抗压强度(常简称为混凝土抗压强度)指以边长为 150mm 的立方体试件,在标准条件下(温度 20±3℃,相对湿度>90%或水中)养护至 28d 龄期,在一定条件下加压至破坏,以试件单位面积承受的压力作为混凝土的抗压强度。对于非标准尺寸的立方体试件,应乘以折算系数折算成标准试件的强度值。边长为 100mm 的立方体试件,折算系数为 0.95;边长为 200mm 的立方体试件,折算系数为 1.05。

混凝土立方体抗压强度标准值是按标准方法测得的、具有 95%保证率的立方体试件抗压强度。根据强度标准值,把混凝土划分为:C10,C15,C20,C25,C30,C35,C40,C45,C50,C55,C60,C65,C70,C75,C80,C85,C90,C95 和 C100 19 个强度等级。

在结构设计中,考虑到受压构件是柱体而不是立方体,所以采用棱柱体试件比立方体试件能更好地反映混凝土的实际受压情况。由棱柱体试件测得的抗压强度称为棱柱体抗压强度，又称轴心抗压强度，其值只有同截面的立方体抗压强度的 $0.76\sim0.82$。

影响混凝土抗压强度的因素有以下几个方面：

（1）水泥强度等级和水胶比

水泥强度等级和水胶比是影响混凝土抗压强度的最主要因素。因为混凝土的强度主要取决于水泥石的强度及其与骨料间的黏结力，而水泥石的强度及其与骨料间的黏结力又取决于水泥的强度和水胶比的大小。但如果水胶比过小，则拌合物过于干硬，在一定的捣实成型条件下，混凝土难以成型密实，从而使强度下降。

根据大量试验结果，在原材料一定的情况下，混凝土 28d 龄期抗压强度（$f_{cu,0}$）与胶凝材料 28d 抗压强度（f_b）和水胶比（W/B）之间的关系符合经验公式：

$$f_{cu,0} = \alpha_a \cdot f_{ce}(B/W - \alpha_b)。$$

式中，α_a，α_b 为与骨料的品种、水泥品种等因素有关的回归系数。

（2）粗骨料

粗骨料的强度一般都比水泥石的强度高，所以不直接影响混凝土的强度，但若骨料经风化等作用而强度降低时，则用其配制的混凝土强度也较低；若骨料表面粗糙，则与水泥石的黏结力较大，故用碎石配制的混凝土比用卵石配制的混凝土强度要高。

（3）龄期

混凝土在正常养护条件下，强度随龄期而增长，7d 内增长较快，28d 后增长减缓。

（4）养护

养护包括保温和保湿。为了获得质量良好的混凝土，混凝土成型后必须进行 $7\sim14d$ 的湿养护，以保证水泥水化过程的正常进行。养护温度高，可以增大初期水化速度，混凝土早期强度也高。

2. 混凝土的抗拉强度

混凝土的抗拉强度比其抗压强度小得多，一般只有抗压强度的 $1/10\sim1/13$，且拉压比随抗压强度的增高而减小。在普通钢筋混凝土构件设计中不考虑混凝土承受拉力，但抗拉强度对混凝土的抗裂性起着重要作用。

3. 混凝土的变形

（1）化学收缩

混凝土体积的化学收缩是指由于水泥水化产物体积小于水化前反应物（水和水泥）体积而引起的收缩。化学收缩是不能恢复的，其收缩率一般很小，但收缩过程中在混凝土内部还是会产生微细裂缝。

（2）温度变形

混凝土热胀冷缩的变形称为温度变形。当温度变化较大时，如果粗骨料的热胀系数与水泥石的相差很大，可能造成混凝土的内应力。温度降低时，如果混凝土受到约束而不能正常收缩，则会在混凝土内部引起内应力。内应力大到一定程度，将导致混凝土开裂。

对于大体积混凝土，常由于水泥水化热聚集在内部不易散失，造成内外温差很大，引起表面开裂。为了减少这种开裂，可采用如下方法：①用低热水泥、减少水泥用量；②提高混凝土强度；③选用热膨胀系数低的骨料；④预冷原材料；⑤合理分缝分块、减轻约束；⑥预埋冷却水管；⑦表面绝热。

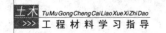
（3）混凝土的湿胀干缩

混凝土干燥时，会引起体积收缩；受潮后体积又会膨胀。干燥收缩分为可逆收缩和不可逆收缩。经过第一次干燥－再潮湿后的混凝土的后期干燥收缩将减小，改善了混凝土的体积稳定性。混凝土中过大的干缩会产生干缩裂缝。干缩主要是水泥石产生的，因此降低水泥用量，减小水胶比是减少干缩的关键。

（4）自收缩

如果在养护期间除了拌和时所加的水之外没有补充水分，即使没有水分向周围散失，混凝土也将开始内部干燥，因为水分被水化所消耗。然而，体积收缩只有在低水胶比（<0.3）的混凝土中出现，而且由于掺入活性火山灰（例如：硅灰）而增大。这种现象被称之为自干燥并以自收缩的形式出现。

（5）长期荷载作用下的变形——徐变

混凝土承受持续荷载时，随时间的延长而增加的变形，称为徐变。混凝土徐变在加荷一个月内增长较快，然后逐渐减缓；当混凝土卸载后，一部分变形瞬时恢复，还有一部分要过一段时间才恢复，称徐变恢复。剩余不可恢复部分，称残余变形。

在某些特况下，徐变有利于削弱由温度、干缩等引起的约束变形，从而防止裂缝的产生。但在预应力结构中，徐变将产生应力松弛，引起预应力损失，造成不利影响。

产生徐变的原因，一般认为是由于水泥石凝胶体在长期荷载作用下的黏性流动或滑移，同时吸附在凝胶粒子上的吸附水因荷载应力而向毛细管渗出。影响混凝土徐变的主要因素有：①水胶比越大，则徐变增大；②水泥用量越多，徐变越大；③增强养护、延迟加荷时间会使混凝土徐变减小。

4. 混凝土的耐久性

混凝土抵抗环境介质作用并保持其形状、质量和使用性能的能力称为耐久性。

（1）混凝土的抗侵蚀性

环境介质对混凝土的化学侵蚀主要是对水泥石的化学侵蚀。对各类侵蚀难以有共同的防止措施，常用的措施有：合理选择水泥品种、提高混凝土的密实度、隔离侵蚀介质。

（2）混凝土的抗渗性

混凝土的抗渗性是指抵抗液体在压力作用下渗透的性能，它对混凝土的耐久性起着重要作用。混凝土的抗渗性主要与混凝土的孔隙率及孔隙结构有关。混凝土中相互连通的孔隙越多、孔径越大，则混凝土的抗渗性越差。

混凝土的抗渗性通常以抗渗等级来表示。采用标准养护28d的标准试件，按规定的方法进行试验，以其所能承受的最大水压力（MPa）来划分抗渗等级。抗渗等级≥P6，也就是能抵抗0.6MPa的压力水而不渗水的混凝土称为抗渗混凝土。

提高混凝土抗渗性的措施有：采用减水剂并降低水胶比、减小粗骨料最大粒径、合理选择水泥品种、加强养护及推迟受压力水作用的龄期等。

（3）混凝土的抗冻性

混凝土的冻融破坏，是指混凝土中的水结冰后体积膨胀，使混凝土产生微细裂缝，反复冻融使裂缝扩展，导致混凝土由表及里剥落破坏的现象。

混凝土的抗冻性以抗冻等级来表示。抗冻等级是以龄期28d的试块，吸水饱和后承受（－15℃～－20℃）至（15℃～20℃）反复冻融循环，以同时满足抗压强度下降不超过25%，重量损失不超过 5％时所能承受的最大冻融循环次数来确定。抗冻等级≥F100 的混凝土,也就是能够承受反复冻融循环 100 次的混凝土称为抗冻混凝土。

提高硬化混凝土抗冻性最有效的措施:①掺引气剂,在混凝土中形成均匀分布的不相连微孔,缓冲因水冻结而产生的挤压力;②掺减水剂并采用低水胶比,提高混凝土的密实度。

(4) 混凝土的碳化

混凝土的碳化是指环境中的 CO_2 与水泥水化产生的 $Ca(OH)_2$ 作用,生成碳酸钙和水,从而使混凝土的碱度降低(中性化)的现象。碳化使混凝土出现碳化收缩,强度下降,还会使混凝土中的钢筋因失去碱性保护而锈蚀。检测混凝土内部是否碳化,可用酚酞酒精溶液。

影响混凝土碳化的因素有:①水泥中混合材掺量越大,则碳化速度越快;②水胶比越低,水泥用量越大,碳化速度越慢;③相对湿度在 50％~75％时,碳化速度最快。

(5) 混凝土中的碱骨料反应

碱-骨料反应,主要是指含有活性氧化硅的骨料与所用水泥或其他组分材料中的碱(Na_2O 和 K_2O)在有水分的条件下发生化学反应,形成碱-硅酸凝胶,此凝胶吸水肿胀,可能导致混凝土胀裂。当骨料被认为有潜在碱-骨料反应危害时,可采用低碱水泥并限制使用含钾钠离子的外加剂,或掺入活性掺合料来防止。

第三节　混凝土质量控制与强度评定

混凝土在生产与施工中,由于原材料性能波动的影响,施工操作的误差,试验条件的影响,混凝土的质量波动是客观存在的,因此一定要进行质量管理。

由于混凝土的抗压强度与混凝土其他性能有着紧密的相关性,能较好地反映混凝土的全面质量,因此工程中常以混凝土抗压强度作为重要的质量控制指标,并以此作为评定混凝土生产质量水平的依据。

混凝土质量控制:包括以下三个过程:①混凝土生产前的初步控制,主要包括人员配备、设备调试、组成材料的检验及配合比的确定与调整等项内容;②混凝土生产过程中的控制,包括控制称量、搅拌、运输、浇筑、振捣及养护等项内容;③混凝土生产后的合格性控制,包括批量划分,确定批取样数,确定检测方法和验收界限等项内容。

一、混凝土强度的波动规律

对大量同种混凝土进行系统的随机抽样,结果表明其强度的波动规律符合正态分布,可用两个特征统计量——强度平均值($\overline{f}_{cu}$)和强度标准差(σ)进行描述。

强度平均值反映了混凝土总体强度的平均水平,但不能反映混凝土强度的波动情况。

强度标准差是正态分布曲线上两侧的拐点离开强度平均值处对称轴的距离,它反映了强度离散性(即波动)的情况。σ 值越大,强度分布曲线越矮而宽,说明强度的离散程度较大,反映了生产管理水平低下,强度质量不稳定。

对于强度水平不同的混凝土,质量稳定性的比较可用变异系数 C_v 表征:

$$C_v = \frac{\sigma}{f_{cu}}$$

式中，C_v 值越小，说明混凝土强度质量越稳定。

二、混凝土强度保证率

强度保证率是指在混凝土强度总体中，不小于设计强度等级（$f_{cu,k}$）的概率 $P(\%)$。强度正态分布曲线下的面积为概率的总和等于 100%。根据设计强度等级、平均强度和标准差计算出概率度 t：

$$t = \frac{\overline{f}_{cu} - f_{cu,k}}{\sigma}$$

然后由标准正态分布曲线方程即可求出强度保证率，或直接查表求出。

三、混凝土配制强度

根据上述保证率概念可知，如果所配制的混凝土平均强度等于设计要求的强度等级标准值，则其强度保证率只有 50%。因此，要达到高于 50% 的强度保证率，混凝土的配制强度必须高于设计要求的强度等级标准值。令混凝土的配制强度等于平均强度，即 $f_{cu,t} = \overline{f}_{cu}$，则有：

$$f_{cu,t} = f_{cu,k} + t\sigma$$

保证率要求越大，配制强度就要越高；强度波动越大，配制强度就提高得越多。我国目前规定混凝土强度保证率为 95%，则 $t = 1.645$，得配制强度 $f_{cu,t} = f_{cu,k} + 1.645\sigma$。

四、混凝土强度评定

（1）对于非稳定生产的混凝土，由不少于 10 组的试件组成一个验收批，强度满足如下要求：

$$m_{f_{cu}} \geq f_{cu,k} + \lambda_1 S_{fc,u}$$

$$f_{cu,min} \geq \lambda_2 f_{cu,k}$$

（2）当混凝土长时间稳定生产时，由连续的三组试件组成一个验收批，强度应满足：

$$m_{fc,u} \geq f_{cu,k} + 0.7\sigma_0$$

$$f_{cu,min} \geq f_{cu,k} - 0.7\sigma_0$$

（3）对于零星生产的混凝土，强度应满足如下要求：
平均强度值 $\geq 1.15 f_{cu,k}$，单组最小值 $\geq 0.95 f_{cu,k}$

第四节　普通混凝土配合比设计

混凝土配合比设计的基本要求：①满足结构设计要求的混凝土强度等级；②满足施工要求的混凝土拌合物的和易性；③满足环境和使用要求的混凝土耐久性；④在满足上述要求的前提下降低混凝土的成本。

混凝土的配合比是指混凝土中各组成材料用量之间的比例关系，可用下列两种方法表示。绝对用量表示法是以 1m³ 混凝土中各项材料的质量来表示,如水泥 376kg/m³、砂 647 kg/m³、石子 1198 kg/m³、水 184 kg/m³。相对用量表示法是以各项材料的质量比来表示,例如:水泥:砂:石子:水＝1:1.72:3.19:0.49。在通常情况下,主要通过调节水胶比、用水量及砂率三大参数,来保证混凝土的性能和降低成本。

一、计算配合比

配合比计算时,骨料以干燥状态为基准,即细骨料含水率<0.5%,粗骨料含水率<0.2%。

1. 计算配制强度($f_{cu,t}$)

根据设计强度标准值($f_{cu,k}$)和强度保证率为 95% 的要求,及强度标准差 σ,可求得混凝土的配制强度 $f_{cu,t}=f_{cu,k}+1.645\sigma$。

2. 计算水胶比(W/B)

根据配制强度、胶凝材料 28d 抗压强度实测值(f_b),按混凝土强度经验公式计算水胶比:

$$W/B=\frac{\alpha_a f_b}{f_{cu,t}+\alpha_a\alpha_b f_b}$$

式中,α_a 和 α_b 为回归系数。无统计资料时,对于碎石取 $\alpha_a=0.53$,$\alpha_b=0.20$。

为了保证耐久性,水胶比不得大于混凝土使用环境条件相对应的最大水胶比限值。

3. 选取单位用水量(m_{w0})

单位用水量,即每立方米混凝土的用水量(m_{w0}),根据施工要求的坍落度要求及已知的粗骨料种类、最大粒径,从推荐表中选取。

掺减水剂时用水量 $m_{wa}=m_{w0}(1-\beta)$,式中 β 为减水剂的减水率(%)。

4. 计算胶凝材料用量(m_{B0})

根据单位用水量(m_{w0})和水胶比(W/B),计算胶凝材料用量 $m_{B0}=m_{w0}/(W/B)$。

为了保证混凝土的耐久性,胶凝材料用量不得小于使用环境条件对应的最少胶凝材料用量限值。

5. 选取砂率(β_s)

通常可根据粗骨料的种类,最大粒径及水胶比,从推荐表中选取合理砂率。

6. 计算砂用量(m_{s0})、石用量(m_{g0})

计算砂、石用量可采用重量法或体积法。

(1)采用体积法时,按下列公式计算砂、石用量:

$$\begin{cases}\dfrac{m_{B0}}{\rho_B}+\dfrac{m_{g0}}{\rho_g}+\dfrac{m_{s0}}{\rho_s}+\dfrac{m_{w0}}{\rho_w}+0.01\alpha=1\\[2mm]\beta_s=\dfrac{m_{s0}}{m_{s0}+m_{g0}}\times100\%\end{cases}$$

式中,ρ_B 为胶凝材料的密度;ρ_s 和 ρ_g 分别为砂、石的表观密度,kg/m³;ρ_w 为水的密度,取 1000kg/m³;α 是混凝土含气量百分数,不使用引气型外加剂时,取 $\alpha=1$。

(2)采用重量法时,混凝土拌合物的假定表现密度 m_{cp} 可取 2350~2450kg/m³,则:

$$\begin{cases} m_{B0}+m_{g0}+m_{s0}+m_{w0}=m_{cp} \\ \beta_s=\dfrac{m_{s0}}{m_{s0}+m_{g0}}\times 100\% \end{cases}$$

通过以上计算得到的每立方米混凝土各项材料的用量,即为计算配合比。

二、配合比的试配与校核

由于上述配合比是利用经验公式或经验资料获得的,因而配成的混凝土有可能不符合当前工程的实际情况,需对配合比进行试配校核。

1. 和易性校核

按计算配合比进行试拌,检查该混凝土拌合物的性能。若坍落度太大,可在砂率不变条件下,增加适量砂、石;若坍落度太小,可保持水胶比不变,适量增加用水量;若黏聚性和保水性不良,可适当增加砂率;调整至混凝土拌合物的性能完全符合要求为止,然后测定混凝土拌合物的实际表观密度($\rho_{c,t}$)。调整拌合物性能后得到的配合比称为基准配合比。

2. 强度校核

检验强度时,在上述基准配合比基础上,另外增加两个配合比,其水胶比宜较基准配合比分别增加和减少 0.05,其用水量与基准配合比相同,砂率可分别增加或减少 1%。每种配合比制作一组试件(3 块),测试 28d 抗压强度。根据三组强度与胶水比的数据,用作图法或计算法,求出配制强度所对应的胶水比。最后按以下法则确定各组分材料的用量:

用水量(m_w)——在基准配合比中用水量的基础上,根据制作强度试件时测得坍落度或维勃稠度进行适当的调整。

胶凝材料用量(m_B)——以用水量(m_w)乘以由强度检验确定的胶水比,计算得到。

粗、细骨料用量(m_g,m_s)——可采用在基准配合比的粗、细骨料用量基础上,按选定的灰水比作适当调整后确定。

3. 每立方米混凝土中各项材料用量的校正

计算混凝土的表观密度计算值:$\rho_{c,c}=m_B+m_g+m_s+m_w$

计算校正系数 $\delta=\rho_{c,t}/\rho_{c,c}$。$\rho_{c,t}$ 为混凝土的实测配合比。

当混凝土表观密度实测值与计算值之差的绝对值不超过计算值的 2% 时,则按上述方法计算确定的配合比为确定的设计配合比,当二者之差超过 2% 时,应将配合比中每项材料用量均乘以校正系数 δ 值,即为确定的设计配合比。

将配合比中各项材料用量乘以校正系数,即为最终的设计配合比。

4. 混凝土的施工配合比

上述配合比是以干燥材料为基准,如果现场材料含有一定的水分,应进行修正,修正后的配合比,叫做施工配合比。若砂含水率为 $a\%$、石子含水率为 $b\%$,则施工配合比为:

$$m'_B=m_B$$

$$m'_s=m_s(1+a\%)$$

$$m'_g=m_g(1+b\%)$$

$$m'_w=m_w-m_s\cdot a\%-m_g\cdot b\%$$

第五节 功能水泥混凝土

随着人类社会的高度发展,现代建筑对混凝土提出了新的挑战,混凝土作为主要的土木工程材料,在土木工程的各个领域的应用不断增加。现代土木工程结构向大跨度、轻型、高耸结构发展,以及工程结构向地下、海洋中扩展,使工程结构对混凝土性能的要求愈来愈高。同时,随着人类社会向智能化社会发展,将出现智能交通系统、智能大厦、智能化社区等。传统的混凝土向高性能、多功能、智能化混凝土发展是必然的趋势,其发展的高级阶段以结构和功能一体化为标志,要求混凝土不仅要承重,最好还具有声、光、电、磁、热等功能,以适应多功能和智能建筑的需要。

习 题 与 解 答

一、名词解释

1. 含泥量和泥块含量　2. 颗粒级配　3. 细度模数　4. 片状颗粒　5. 针状颗粒 6. 坚固性　7. 连续粒级　8. 压碎指标　9. 混凝土化学外加剂　10. 混凝土矿物外加剂 11. 减水剂　12. 早强剂　13. 缓凝剂　14. 引气剂　15. 速凝剂　16. 混凝土拌合物和易性　17. 塑性混凝土　18. 低流动性混凝土　19. 干硬性混凝土　20. 防水混凝土　21. 耐热混凝土　22. 轻骨料混凝土　23. 加气混凝土　24. 泡沫混凝土　25. 聚合物浸渍混凝土 26. 泵送混凝土　27. 水胶比　28. 自然养护　29. 混凝土标准养护　30. 蒸汽养护 31. 蒸压养护　32. 最佳砂率　33. 混凝土强度保证率　34. 混凝土配制强度　35. 混凝土立方体抗压标准强度　36. 混凝土徐变　37. 混凝土碳化　38. 碱-骨料反应

名词解释答案

1. 含泥量和泥块含量:砂、石中的含泥量指骨料中,公称粒径小于 $80~\mu m$ 颗粒的含量。泥块含量在砂中指公称粒径大于 $1.25~mm$、经水洗、手捏后变成小于 $630~\mu m$ 的颗粒的含量;在石中则指公称粒径大于 $5~mm$、经水洗、手捏后变成小于 $2.5~mm$ 的颗粒的含量。

2. 颗粒级配:各粒径颗粒的分布情况。

3. 细度模数:细度模数用来表示骨料的粗细程度。细度模数的计算公式为 $M_x = [(A_2 + A_3 + A_4 + A_5 + A_6) - 5A_1]/(100 - A_1)$。$A_i$ 为累计筛余百分率。

4. 片状颗粒:是指骨料中,其厚度小于平均粒径 0.4 倍者。

5. 针状颗粒:指长度大于该颗粒所属粒级平均粒径(该粒级上、下限粒径的平均值)的 2.4 倍者。

6. 坚固性:是指骨料在气候、外力或其他外界因素作用下抵抗破碎的能力。

7. 连续粒级:亦即连续级配。石子粒级呈连续性,即石子颗粒由大到小,每级石子占一定的比例。

8. 压碎指标:是将一定质量气干状态下 $10\sim20~mm$ 的石子装入一定规格的金属圆桶

内,在试验机上施加一定荷载,卸荷后称取试样质量(m_0),再用孔径为 2.5 mm 的筛子筛除被压碎的细粒,称取筛余量($m_{(1)}$),通过下式计算所得 $\delta a = (m_0 - m_{(1)})/m_0 \times 100\%$。

9. 混凝土化学外加剂:掺入混凝土中,掺量不大于水泥质量 5%(特殊情况下除外)以改善混凝土性能的物质称为混凝土外加剂,它已成为混凝土除水泥、水、砂和石四组分以外的第五种组分。

10. 混凝土矿物外加剂:加入混凝土中掺量一般较多的矿物性外掺组分如:粉煤灰、矿渣粉、硅灰等。

11. 减水剂:是指在混凝土坍落度基本相同的条件下,能减少拌合用水量的外加剂。

12. 早强剂:能提高混凝土早期强度并对后期强度无显著影响的外加剂。

13. 缓凝剂:能延缓混凝土凝结时间并对后期强度无显著影响的外加剂。

14. 引气剂:能使混凝土中产生均匀分布的微气泡,并在硬化后仍能保留其气泡的外加剂。

15. 速凝剂:使混凝土急速凝结、硬化的外加剂。

16. 混凝土拌合物和易性:是指混凝土拌合物易于施工操作(拌和、运输、浇灌、捣实)并能获得质量均匀、成型密实的性能。包含流动性、黏聚性和保水性等三方面的含义。

17. 塑性混凝土:坍落度为 50～90 mm。

18. 低流动性混凝土:坍落度为 10～40 mm。

19. 干硬性混凝土:坍落度小于 10 mm。

20. 防水混凝土:防水混凝土系指有较高强度抗渗能力的混凝土,通常其抗渗等级等于或大于 P6 级,又称抗渗混凝土。

21. 耐热混凝土:耐热混凝土是指能长期在高温(200℃～900℃)作用下保持所要求的物理和化学性能的一种特殊混凝土。

22. 轻骨料混凝土:以轻粗骨料、轻细骨料(或普通细骨料)、水泥和水配制而成的,干表观密度不大于 1 950 kg/m³ 的水泥混凝土为轻骨料混凝土。

23. 加气混凝土:是含硅材料(如砂、粉煤灰、尾矿粉等)和钙质材料(如水泥、石灰等)加水并加入适量的发气剂,经混合搅拌、浇筑发泡、静停与切割后,在经蒸压或常压蒸气养护制成。

24. 泡沫混凝土:是用机械方法将泡沫剂水溶液制成泡沫,再将泡沫加入含硅材料(砂、粉煤灰)、钙质材料(石灰、水泥)、水及附加剂组成的料浆中,经混合搅拌、浇注成型、蒸汽养护而成的多孔建筑材料。

25. 聚合物浸渍混凝土:聚合物浸渍混凝土是以混凝土为基材,将有机单体渗入混凝土中,并使其聚合而制成的一种混凝土。

26. 泵送混凝土:坍落度不低于 100 mm 并用泵送施工的混凝土称为泵送混凝土。

27. 水胶比:水和水泥的质量比。

28. 自然养护:是指对在自然条件(或气候条件)下的混凝土制品适当地采取一定的保温、保湿措施,并定时定量向混凝土浇水,保证混凝土材料强度能正常发展的一种养护条件。

29. 混凝土标准养护:是指对将混凝土制品在温度为(20±3)℃,相对湿度大于 90% 的标准条件下进行的养护。评定强度等级时需采用该养护条件。

30. 蒸汽养护:是将混凝土材料在小于 100℃ 的高温水蒸气中进行的一种养护。蒸汽养护可提高混凝土的早期强度,缩短养护时间。

31. 蒸压养护:是将混凝土材料在$(0.8\sim1.6)$MPa下,$175℃\sim203℃$的水蒸气中进行的一种养护。蒸汽养护可大大提高混凝土材料的早期强度。

32. 最佳砂率:所谓合理砂率是指用水量、水泥用量一定时,拌和料保证具有良好的黏聚性和保水性的条件下,使拌和料具有最大流动性的砂率。

33. 混凝土强度保证率:在混凝土强度质量控制中,除了须考虑到所生产的混凝土强度质量的稳定性之外,还必须考虑符合设计要求的强度等级的合格率,此即强度保证率。

34. 混凝土配制强度:如果所配制的混凝土平均强度等于设计要求的强度等级标准值,则其强度保证率只有50%。因此,要达到高于50%的强度保证率,混凝土的配制强度必须高于设计要求的强度等级标准值。混凝土配制强度$f_{cu,t}=\overline{f}_{cu,k}+t\sigma$

35. 混凝土立方体抗压标准强度:按照标准的制作方法制成边长为150 mm的正立方体试件,在标准养护条件(温度$(20\pm3)℃$,相对湿度90%以上)下,养护至28 d龄期,按照标准的测定方法测定其抗压强度值。

36. 混凝土徐变:混凝土在恒定荷载长期作用下,随时间增长而沿受力方向增加的非弹性变形,称为混凝土的徐变。

37. 混凝土碳化:混凝土的碳化是指环境中的CO_2与水泥水化产生的$Ca(OH)_2$作用,生成碳酸钙和水,从而使混凝土的碱度出现降低的现象。

38. 碱-骨料反应:混凝土中所含的碱(Na_2O或K_2O)与骨料活性成分(活性SiO_2),在混凝土硬化后潮湿条件下逐渐发生化学反应,反应生成复杂的碱-硅酸盐凝胶,这种凝胶吸水膨胀,导致混凝土开裂的现象就是碱骨料反应。

二、问答题

1. 粗细骨料中的有害杂质有哪些?它们分别对混凝土质量有何影响?

答:有机质易腐烂,析出有机酸等,对水泥有腐蚀作用,影响强度。同时也影响水泥的正常凝结硬化。故需加以限制。

当砂中含有氯盐时,会促使钢筋锈蚀。硫酸盐及硫化物主要是会对水泥石造成膨胀性腐蚀。为保证混凝土或钢筋混凝土的耐久性,对氯盐、硫酸盐及硫化物需予以限制。

2. 配制混凝土时对砂的粗细有何要求?

答:配制混凝土时宜优先选用中砂。砂过细则其比表面积很大,需要很多的水泥浆包裹,故水量和水泥用量增加;而过粗的砂则黏聚性较差,对混凝土性能也不利。

3. 何谓骨料级配?骨料级配良好的标准是什么?

答:骨料级配是各粒径颗粒的分布情况。骨料级配良好的标准是骨料的空隙率和总表面积均较小。

使用良好级配的骨料,不仅所需水泥浆量较少,经济性好,而且还可以提高混凝土的和易性、密实度和强度。

4. 粗骨料中针、片状颗粒有何危害?

答:针、片状颗粒表面积大、不宜滚动,而且会增加骨料的空隙率,对混凝土和易性不利;针、片状颗粒受力时易折断,对强度不利;针、片状颗粒倾向于一个方向排列,对耐久性不利。

因此,需要对针、片状颗粒含量有限制。

5. 为何要限制石子的最大粒径?

答:受搅拌设备、混凝土构件的截面尺寸及钢筋间距等的影响,当最大粒径太大时不易搅拌均匀或不能保证密实成型,故对石子的最大粒径需加以限制。按《混凝土结构工程施工及验收规范》,石子的最大粒径应小于构件最小截面尺寸的 1/4,且应小于钢筋净距的 3/4。对实心板材可放宽至小于板材厚度的 1/2 并且小于 50 mm。

石子最大粒径对混凝土也有影响。石子和水泥石的湿胀干缩、热胀冷缩、受力应变性能都有差异,最大粒径越大,累积在界面上的应变和应力越大,易导致薄弱的界面开裂。所以,配制高强混凝土时,最大粒径应小于等于 20 mm。

6. 何谓混凝土减水剂? 简述减水剂的作用机理和种类。

答:减水剂是在不影响混凝土和易性的条件下,能使单位用水量减少;或在不改变单位用水量的条件下,可改善混凝土的和易性;或同时具有以上两种效果,又不显著改变含气量的外加剂。

减水剂是一种表面活性剂,它的分子是由亲水基团和憎水基团两部分构成。当水泥加水拌和后,若无减水剂,则由于水泥颗粒之间分子凝聚力的作用,使水泥浆形成絮凝结构,将一部分拌合水(游离水)包裹在水泥颗粒的絮凝结构内,从而降低混凝土拌合物的流动性。如在水泥浆中加入减水剂,减水剂的憎水基团定向吸附于水泥颗粒表面,形成吸附膜,使水泥颗粒表面带有相同的电荷,在电性斥力作用下,使水泥颗粒分开从而将絮凝结构内的游离水释放出来,在不增加用水量的情况下,增加了有效用水量,提高了混凝土的流动性。另外,减水剂还能在水泥颗粒表面形成一层溶剂水膜,在水泥颗粒间起到很好的润滑作用。

传统的减水剂主要种类:①木质素系减水剂;②多环芳香族磺酸盐系减水剂;③水溶性树脂系减水剂。目前,新型的高效减水剂有:①氨基磺酸盐系减水剂;②聚羧酸系减水剂;③脂肪族高效减水剂。

7. 为什么不宜用高等级的水泥配制低强度等级的混凝土?

答:因采用高等级水泥配制低强度等级混凝土时,仅很少的水泥量或较大的水灰比就可以满足强度要求,却满足不了施工要求的良好的和易性,使施工困难,并且硬化后的耐久性较差。如果提高水泥用量,则会增加混凝土的成本。

8. 请叙述在不同条件下减水剂的效果。

答:(1) 水胶比不变,减少用水量和水泥用量,可在保持和易性和强度的情况下,节约水泥。

(2) 水泥用量不变时,减少用水量,降低水胶比,从而提高混凝土的强度和耐久性。

(3) 用水量和水泥用量都不变,可提高混凝土拌合物的流动性,方便施工。

9. 何谓混凝土引气剂、缓凝剂、速凝剂和早强剂?

答:引气剂是能使混凝土中产生均匀分布的微气泡,并在硬化后仍能保留其气泡的外加剂。

缓凝剂是能延缓混凝土凝结时间并对后期强度无显著影响的外加剂。

速凝剂是可使混凝土急速凝结、硬化的外加剂。

早强剂是能提高混凝土早期强度并对后期强度无显著影响的外加剂。

10. 为何要限制硫酸钠早强剂的掺量？

答：当骨料含有活性氧化硅时，掺用过量硫酸钠复合早强剂将使混凝土的总碱量增加，易产生碱-骨料反应，导致混凝土膨胀开裂。

11. 如何改善混凝土拌合物的和易性？试拌混凝土时如何进行和易性调整？

答：要使混凝土获得良好的和易性，首先必须使用粗细适中，级配良好的粗细骨料；同时采用最佳砂率；在需要达到较高流动度时采用掺加减水剂的方法。

当试拌混凝土流动度太小时，可适当增加减水剂掺量或在水胶比不变下增加水和水泥；

当试拌混凝土流动度太大时，可在砂率不变下增加砂石；

当黏聚性保水性不良时，可适当提高砂率。

当发现混凝土拌合物坍落度超过原设计要求，保水性较差，且用棒敲击一侧时，混凝土发生局部崩坍时，提高砂率，可增加骨料的总表面积，从而改善混凝土拌合物的保水性。

12. 叙述引气剂的作用效果。引气剂和加气剂有何区别？

答：引气剂是一种表面活性剂，混凝土搅拌时，可在混凝土内部引入大量稳定的微小独立球形气泡。这些气泡的存在大大提高了混凝土拌合料的黏聚性和保水性，混凝土在成型后，内部结构均匀且泌水现象大为减小，即避免了由于泌水产生的大量连通孔隙。此外，这些气泡切断了混凝土中毛细管渗水通道，使吸水率和水饱和度降低，故可大大提高混凝土的抗渗性和抗冻性。同时，气泡可以容纳未结冰的压力水，其卸压作用使冻害减轻。

引气剂是能使混凝土中产生均匀分布的微气泡，并在硬化后仍能保留其气泡的外加剂，而加气剂是在混凝土拌合时和浇注后能发生化学反应，放出大量气体并形成较大气孔的外加剂。

13. 获得大流动性混凝土的最佳方法是什么？

答：如果单纯增加用水量来提高混凝土的流动性，会使得新拌混凝土易离析和泌水，硬化混凝土干缩增大、易开裂、徐变增大。获得大流动性的最佳方法是掺加减水剂，这样能以较低的用水量获得较大的流动性，且没有高用水量时的种种弊端。

14. 用海水拌制混凝土时，对混凝土的性能有什么影响？

答：海水拌制混凝土时，混凝土的凝结速度加快，早期强度提高，但 28 d 及后期强度下降，同时抗渗性和抗冻性也下降。这是因为海水中含有大量的氯盐、镁盐和硫酸盐的缘故。当硫酸盐的含量较高时，还可能对水泥石造成腐蚀。由于氯盐会损害钢筋表面的钝化膜，导致钢筋锈蚀。

15. 混凝土的抗压强度与其他各种强度之间有无相关性？混凝土的立方体强度与棱柱体强度、抗拉强度之间存在什么关系？

答：有关系，经验证明，棱柱体强度与立方体强度的比值为 0.7～0.8，抗拉强度为抗压强度的 1/13～1/10。

16. 对于相同条件制备的混凝土试件来说，影响其所测强度指标大小的主要因素有哪些？

答：主要有养护条件、混凝土的龄期、试件的干湿情况、试件尺寸、成型面受压还是侧面受压、荷载施加速度。

17. 施工现场混凝土试件是如何养护的？

答：养护对混凝土强度发展有很大的影响。应在混凝土凝结后（一般在 12 h 以内），用草袋等覆盖混凝土表面并浇水,浇水时间不少于 7 d,使用火山灰水泥和粉煤灰水泥时,应不小于 14 d,对掺用缓凝型外加剂或有抗渗性要求的混凝土,不小于 14 d,在夏季由于蒸发较快更应特别注意浇水。

18. 请叙述影响混凝土强度的因素及其成因,提出改善混凝土强度的方法。

答:(1)水泥强度和水胶比　水泥是混凝土中的活性组分,其强度大小直接影响混凝土强度的高低。在配合比相同的条件下,水泥强度越高,制成的混凝土强度也越高。当使用同种水泥时,混凝土强度主要取决于水胶比。因为水泥水化时,所需的结合水,一般只占水泥质量的 23% 左右,但在拌制混凝土混合物时,为了获得必要的流动性,常需用较多的水。混凝土硬化后,多余的水蒸发或者残存在混凝土中,形成毛细管、气孔或水泡,它们减少了混凝土的有效断面,并有可能在受力时于气孔或水泡周围产生应力集中,使混凝土的强度下降。在保证工程质量的条件下,水胶比越小,混凝土的强度就越高。试验证明,混凝土强度随水胶比增大而降低。

(2)养护条件和温度　水泥水化、凝结和硬化必须在一定的温度和湿度的条件下进行。在保证足够湿度的情况下,不同的养护温度,其结果也不一定相同。温度高,水泥凝结硬化的速度快,早期强度高,低温时水泥混凝土的硬化比较缓慢,当温度低至 0℃ 以下时,硬化不但停止,而且具有被冰冻破坏的危险。水泥的水化必须在有水的条件下进行,因此,混凝土浇筑完毕后,必须加强养护,以保证混凝土不断地凝结和硬化。

(3)龄期　在正常养护条件下,混凝土强度的增长遵循水泥水化历程规律,即随着龄期的增加,强度也随之增长。

(4)施工质量　施工质量的好坏对混凝土强度有非常重要的作用,施工质量包括配料准确,搅拌均匀,振捣密实,养护适宜等。

提高混凝土强度的措施主要有:

① 选用高强度水泥;

② 采用级配良好的砂石,高强混凝土宜采用级配中最大粒径较小的碎石;

③ 充分搅拌和高频振捣成型;

④ 尽量降低水胶比,并掺减水剂以保证施工要求的和易性;

⑤ 加强养护,保证有适宜的温度和较高的湿度。

19. 为何进行混凝土养护？请叙述在不同季节养护混凝土时应注意的事项。

答:由于水泥的水化只能在充水的毛细孔空间发生,因此,必须创造条件防止水分自毛细管中蒸发而失去。另外,水泥水化过程中,大量自由水会被水泥水化产物结合或吸附,也需不断提供水分,才能使水泥水化正常进行,从而产生更多的水化产物使混凝土密实度增加。因此,为了使混凝土正常硬化,必须在浇筑后一定时间内维持一定的潮湿环境。

夏天气温较高,混凝土水化较快,水分蒸发也较快,因此浆体中自由水的减少较快,需不断地洒水。而在冬天,情况恰好相反。

20. 试分析混凝土受冻融作用破坏的原因与影响混凝土抗冻性的主要因素。如何提高混凝土的抗冻性？

答:受冻破坏的原因:混凝土内部的孔隙水在负温下结冰后体积膨胀造成的静水压力,以及因冷冻水蒸气的压差推动未冻水向结冻区迁移造成的渗透压力,当这两种压力所产生的内应力超过混凝土抗拉强度时,混凝土就会产生裂缝,多次冻融使裂缝不断地扩展直至混凝土完全破坏。

影响抗冻性的因素:①混凝土密实度;②孔径分布;③混凝土孔隙充水程度;④外加剂;⑤混凝土强度。

提高抗冻性的方法:①使用减水剂和低水胶比;②使用引气剂。

21. 混凝土产生湿胀干缩的原因是什么?请列举干缩对混凝土的危害。

答:混凝土的干缩主要是水泥石内毛细孔隙失水引起水面弯曲,造成毛细压力(负压),从而引起收缩,水泥石中凝胶的吸附水的失去也会引起凝胶收缩。干缩容易产生裂纹,开裂后腐蚀物易进入混凝土内部,造成腐蚀或使钢筋产生锈蚀。干缩还对混凝土的强度有不利影响。因干缩产生表面裂纹外,还会在骨料与水泥石的界面处产生应力集中,或使界面黏结破坏产生界面裂纹,故干缩值大时,会使强度降低。

22. 同一混凝土试件分别放在干燥、潮湿和水中3种不同环境养护。请比较它们的收缩情况。

答:混凝土在干燥条件下养护时,由于水化过程不能充分进行,故混凝土内毛细孔隙的含量高,因而干缩值较大。当在潮湿条件下养护时,水化充分,故毛细孔隙的数量相对较少,因而干缩值较小。当混凝土在水中养护时,毛细孔隙内的水面不会弯曲,故不会引起毛细压力,所以混凝土不会产生收缩,且由于凝胶表面吸附水,增大了凝胶颗粒间的距离,使得混凝土在水中几乎不产生收缩。但将水中养护的混凝土放置于空气中时,混凝土也会产生干缩,不过干缩值小于一直处于空气中养护的混凝土。

23. 试分析混凝土的各种变形。这些变形对混凝土结构有何影响?

答:(1)化学收缩 化学收缩是不可恢复的,可使混凝土内部产生细微裂缝。

(2)塑性收缩 使表面产生裂纹。

(3)干湿变形 使混凝土表面出现拉应力而导致开裂,严重影响混凝土的耐久性。

(4)温度变形 对大体积混凝土极为不利,使外部混凝土产生很大的应力,严重时使混凝土产生裂纹。

24. 请叙述混凝土的徐变及其发展规律。混凝土徐变在结构工程上有何实际意义?

答:混凝土在恒定荷载作用下,沿受力方向随时间延续而缓慢增长的不可恢复的变形称为徐变。混凝土徐变在加荷早期增长较快,然后逐渐减缓,当混凝土卸载后,一部分变形瞬时恢复,还有一部分要过一段时间才恢复,称徐变恢复。剩余不可恢复部分,称残余变形。混凝土的徐变对预应力钢筋混凝土结构产生极为不利的影响,即会使钢筋的预加应力值受到损失。但是有时徐变也对工程有利,如徐变可消除或减少钢筋混凝土内的应力集中,使应力均匀地重新分布。对大体积混凝土,徐变能消除一部分由温度变形所产生的破坏应力。

25. 要想减小混凝土的徐变可采取哪些措施?

答:徐变一般认为是由于水泥石凝胶体在长期荷载作用下的黏性流动或滑移,同时吸附在凝胶粒子上的吸附水因荷载应力而向毛细管渗出。影响混凝土徐变的因素有:环境湿度减小,使混凝土失水引起徐变增加;水胶比越大,混凝土强度越低,则混凝土徐变增大;水泥用量和品种对徐变也有影响,水泥用量越多,徐变越大,采用强度发展快的水泥则混凝土徐变减小;因骨料的徐变很小,故增大骨料含量会使徐变减小;延迟加荷时间会使混凝土徐变减小;加强湿养护,推迟受荷载的时间;选较粗大、级配良好且干净的骨料。

26. 影响混凝土弹性模量的因素有哪些?

答:水泥石的弹性模量一般低于骨料的弹性模量,因此影响混凝土弹性模量的因素主要有骨料的弹性模量和骨料的用量。骨料的弹性模量越高、骨料的用量越多,则混凝土的弹性模量越高。骨料质量较好、水胶比较小、养护条件较好、养护时间较长或混凝土强度较高时,混凝土的弹性模量较高。

27. 何谓混凝土的耐久性?简述提高混凝土耐久性的措施。

答:混凝土抵抗环境介质作用并长期保持其良好的使用性能的能力称为混凝土的耐久性。

提高混凝土耐久性的措施主要有:

(1)根据工程所处环境和工程性质选用适宜或合理的水泥品种,选择适宜的掺合料。

(2)采用较小水胶比,保证足量的水泥。

(3)采用级配较好、干净、粒径适中的骨料。

(4)根据工程性质和环境条件,选择掺加适宜的外加剂。抗渗可掺减水剂,抗冻可掺引气剂。

(5)采用与工程性质相一致的砂、石骨料(如坚固性好、耐酸性好、耐碱性好或耐热性好的骨料)。

(6)加强养护,改善施工方法与质量。

28. 混凝土为何会渗水?影响混凝土抗渗性的主要因素及其改善混凝土抗渗性的措施有哪些?

答:渗水的原因:由于内部孔隙形成连通的渗水孔道。这些孔道主要来源于水泥浆中多余水分蒸发而留下的气孔、水泥浆泌水所产生的毛细管孔道、内部的微裂缝以及施工振捣不密实产生的蜂窝、孔洞,这些都会导致混凝土渗漏水。

影响抗渗性的因素,主要是与孔隙率,特别是开口孔隙率有关的因素。这些因素,主要有水胶比、水泥品种、骨料的级配、骨料中黏土类杂质的多少、骨料的粒径、砂率、养护条件与龄期、是否掺有外加剂和混合材料等。

可采取以下措施来提高抗渗性:①采用较小的水胶比,选择合理的水泥品种(如普通硅酸盐水泥或火山灰质硅酸盐水泥),保证一定的水泥用量;②采用级配良好且干净的骨料、适宜的骨料粒径(如采用中砂,且粗骨料的最大粒径不宜太大);③适当增加砂率,掺加减水剂或引气剂、防水剂,掺入适量的磨细粉煤灰等矿物外加剂,加强养护等。

29. 碳化对钢筋混凝土的性能有何影响?

答:碳化作用降低了混凝土的碱度,减弱了对钢筋的保护作用。由于水泥水化过程中生成大量氢氧化钙,使混凝土孔隙中充满了饱和的氢氧化钙溶液,其 pH 值可达到 12.6～13。这种强碱性环境能使混凝土中的钢筋表面生成一层钝化薄膜,从而保护钢筋免于锈蚀。碳化作用降低了混凝土的碱度,当 pH 值低于 10 时,钢筋表面钝化膜破坏,导致钢筋锈蚀,还会因此引起体积膨胀,使混凝土保护层开裂或剥落,进而又加速混凝土进一步碳化。

碳化还会引起混凝土的收缩,使混凝土表面碳化层产生拉应力,可能产生微细裂缝,从而降低了混凝土的抗折强度。

30. 混凝土碳化速度受哪些因素影响？请提出延缓碳化的具体措施。

答：影响混凝土碳化速度的主要因素有：水泥的品种、水胶比、环境湿度和硬化条件等。相对湿度为 50%～75% 时，混凝土碳化速度最快。使用混合材掺量少的水泥，采用较小的水胶比，加强潮湿养护，延长养护龄期等，都可减慢碳化速度。

31. 混凝土发生碱-骨料反应的必要条件是什么？如何防止？

答：

必要条件：(1) 混凝土中必须有相当数量的碱；

(2) 骨料中有相当数量的活性氧化硅；

(3) 混凝土工程的使用环境必须有足够的湿度。

防止措施：(1) 使用低碱水泥，并控制混凝土的总碱量；

(2) 使用不含活性氧化硅的骨料；

(3) 掺用活性掺合料，如硅灰；

(4) 掺用引气剂。

32. 什么是混凝土材料的标准养护、自然养护、蒸汽养护、压蒸养护？

答：标准养护是指将混凝土制品在温度为 (20±2)℃，相对湿度大于 95% 的标准条件下进行的养护。评定强度等级时需要采用标准养护。

自然养护是指对在自然条件下的混凝土制品，适当地采取一定的保温、保湿措施，并定时、定量向混凝土浇水，保证混凝土材料强度能正常发展的一种养护方式。

蒸汽养护是将混凝土材料在小于 100℃ 的水蒸气中进行的一种养护。蒸汽养护可提高早期强度，缩短养护时间。

压蒸养护是将混凝土材料在 8～16 大气压下以及 175℃～203℃ 的水蒸气中进行的一种养护。压蒸养护可大大提高混凝土材料的早期强度，但压蒸养护需要的蒸压釜设备比较庞大，仅在生产硅酸盐混凝土制品时应用。

33. 引气剂为何能提高混凝土的抗冻性？

答：掺加引气剂，可在混凝土中形成均匀分布的不相连微孔，可以缓冲因水冻结而产生的挤压力，对改善混凝土抗冻性有显著效果。

34. 配制快硬高强混凝土有哪些主要途径？

答：(1) 掺加早强剂；

(2) 采用蒸汽养护或者蒸压养护；

(3) 采用快硬硅酸盐水泥；

(4) 掺高效减水剂。

35. 配制混凝土时，可以节约水泥的措施有哪些？

答：(1) 采用最优砂率　降低了骨料空隙率和表面积，可节约水泥。

(2) 加木钙减水剂　保持坍落度和强度不变的情况下掺减水剂，可维持原水胶比，减少用水量，从而可以减少水泥用量。

(3) 提高施工质量水平，减少混凝土强度波动幅度　降低配制强度，减小水胶比，从而可以减少水泥用量。

三、填空题

1. 级配良好的骨料，其_____小，_____也较小。使用这种骨料，可使混凝土拌合物_____较好,_____用量较少,同时有利于硬化混凝土的_____和_____提高。

2. 在混凝土中,砂子和石子起_____作用,水泥浆在硬化前起_____、_____作用,在硬化后起_____作用。

3. 当骨料中泥和泥块含量较大时,将使混凝土的_____、_____、_____和_____等性能显著下降。

4. 骨料中的有害物质除含泥量和泥块含量外,还有_____、_____、_____、_____以及粗骨料中的_____。

5. 混凝土拌合物的和易性包括_____、_____和_____三方面的含义,其中_____通常采用坍落度法和维勃稠度法两种方法来测定,_____和_____则凭经验目测。

6. 混凝土拌合物坍落度选择原则是:应在保证_____的前提下,尽可能采用较_____的坍落度。

7. 在混凝土配合比设计中,水胶比的大小主要由_____和_____等因素决定;用水量的多少主要是根据_____、_____而确定;砂率是根据_____、_____而确定。

8. 提高混凝土拌合物的流动性,又不降低混凝土强度的最好措施是_____。

9. 混凝土产生徐变的原因是_____和_____,故其他条件相同时,水灰比愈大则徐变愈_____,水泥用量愈多,徐变愈_____;骨料含泥量大,徐变_____,混凝土弹性模量高,徐变_____。

10. 普通混凝土采用蒸汽养护,能提高_____强度,但会降低_____强度。

11. 影响混凝土碳化的因素有_____、_____、_____。

12. 提高混凝土耐久性的措施是采用_____,_____,_____,_____和_____。要保证混凝土的耐久性,则在混凝土配合比设计中要控制_____和_____。

13. 当骨料被认定有潜在碱骨料反应危害时,可采用_____、_____措施。

填空题答案

1. 空隙率,总表面积,和易性,水泥浆,密实度,强度　2. 骨架,润滑,黏聚,胶结　3. 抗拉强度,抗渗性,抗冻性,收缩　4. 硫化物与硫酸盐,有机物,云母,轻物质,针片状物质
5. 流动性,黏聚性,保水性,流动性,粘聚性,保水性　6. 施工操作　小　7. 设计强度,水泥强度,坍落度,骨料最大粒径,骨料最大粒径,水胶比　8. 掺加减水剂　9. 凝胶的黏性流动,凝胶体内吸附水的迁移,大,大,大,小　10. 早期,后期　11. 水泥品种,水胶比,环境条件
12. 适宜的水泥品种,级配好、洁净、不含活性氧化硅的骨料,减水剂或引气剂掺量,避免施工缺陷并加强养护,最大水胶比,最小水泥用量　13. 低碱水泥,添加矿物掺合料(矿物外加剂)

四、选择题

1. 配制混凝土时,选择水泥强度等级为混凝土等级的_____倍为宜。
    A. 1;　　　　　B. 2;　　　　　C. 3;　　　　　D. 1.5~2.0。

2. 含水率为5%的砂子220 kg,将其烘干至恒重为_____kg。

A. 209.00;　　　　B. 209.52;　　　　C. 209.55。

3. 两种砂子,如果它们的级配完全相同,则二者的细度模数 M_x _____。

A. 必然相同;　　B. 必然不同;　　C. 不一定相同。

4. 在级配良好的情况下,随着粗骨料最大粒径的增大,骨料的总表面积则随之_____。

A. 均减小;　　B. 均增大;　　C. 基本不变。

5. 用高强度等级水泥配制低等级混凝土时,需采用_____措施,才能保证工程的技术经济要求。

A. 减小砂率;　　　　　　　　　　B. 掺加掺合料;

C. 增大粗骨料的粒径;　　　　　　D. 适当提高水灰比。

6. 致使混凝土中钢筋锈蚀的首要影响因素是_____。

A. 混凝土中存在碱;　　　　　　　B. 骨料有活性硅;

C. 混凝土中存在氯离子;　　　　　D. 混凝土中有硫酸盐。

7. 轻骨料的强度指标是_____。

A. 压碎指标;　　B. 筒压强度;　　C. 块体强度;　　D. 立方体强度。

8. 对混凝土拌合物流动性起决定作用的是_____。

A. 胶凝材料用量;　　　　　　　　B. 用水量;

C. 水胶比;　　　　　　　　　　　D. 砂率。

9. 在试拌混凝土时,发现混凝土拌合物的流动性偏小,应采取_____。

A. 保持砂率不变,增加砂石用量;　B. 加减水剂;

C. 加水;　　　　　　　　　　　　D. 加混合材料。

10. 当混凝土拌合物流动性偏小时,应采取_____的办法来调整。

A. 增加水泥浆数量;　　　　　　　B. 适量加水;

C. 延长搅拌时间;　　　　　　　　D. 调整砂率;

E. 调整水泥用量;　　　　　　　　F. 加氯化钙。

11. 坍落度是表示塑性混凝土_____的指标。

A. 流动性;　　　　　　　　　　　B. 黏聚性;

C. 保水性;　　　　　　　　　　　D. 含砂情况。

12. 测定混凝土拌合物坍落度时,当实测坍落度筒顶面与坍落后的混凝土拌合物顶面最高点的距离为 79 mm 时,应记为_____。

A. 79;　　　　　　B. 80;　　　　　　C. 75。

13. 普通混凝土的抗压强度测定,若采用 100 mm×100 mm×100 mm 的立方体试件,则试验结果应乘以换算系数_____。

A. 0.90;　　　　　　B. 0.95;　　　　　　C. 1.05。

14. 普通混凝土的强度等级是以具有 95% 保证率的_____d立方体抗压强度标准值来确定的。

A. 3,7,28;　　　B. 3,28;　　　C. 7,28;　　　D. 28。

15. 混凝土配合比设计的 3 个主要参数是_____。

A. W,B,S_p　　　B. $W,W/B,S_p$　　　C. 7,28　　　D. 28

16. 冬季混凝土施工时,应首先考虑加入_____。

  A. 缓凝剂；   B. 早强剂；   C. 减水剂；   D. 引气剂。

 17. 大体积混凝土施工常用的外加剂是_____。

  A. 缓凝剂；   B. 减水剂；   C. 引气剂；   D. 早强剂。

 18. 喷射混凝土必须加入的外加剂是_____。

  A. 早强剂；   B. 减水剂；   C. 引气剂；   D. 速凝剂。

 19. 掺入引气剂后混凝土的_____显著提高。

  A. 强度；   B. 抗冲击性；   C. 弹性模量；   D. 抗冻性。

 20. 道路混凝土特别注重的指标是_____。

  A. 抗压强度；   B. 抗渗性；   C. 抗冻性；   D. 抗折强度。

 21. 混凝土受力破坏时,破坏最有可能发生在_____。

  A. 骨料；   B. 水泥石；   C. 骨料与水泥石的界面。

 22. 混凝土的坍落度不能达到要求时,不能采用的调整方法为_____。

  A. 增加水泥浆数量；   B. 加水；

  C. 调整砂率；   D. 加入减水剂。

 23. 为保证混凝土的耐久性,混凝土配比设计时有_____两方面的限制。

  A. 最大水灰比和最大水泥用量； B. 最小水灰比和最大水泥用量；

  C. 最小水灰比和最小水泥用量； D. 最大水灰比和最小水泥用量。

 24. 下列措施中,不能减少混凝土干燥收缩的是_____。

  A. 减少水泥用量；   B. 增大砂率；

  C. 减少单位用水量；   D. 加强养护。

 25. 配制混凝土时,与坍落度的选择无关的因素是_____。

  A. 混凝土的强度；   B. 浇注截面的大小；

  C. 结构的配筋情况；   D. 混凝土的振捣方式。

 26. 提高混凝土抗渗抗冻性的共同措施是_____。

  A. 增加水泥浆数量；   B. 提高混凝土的密实性；

  C. 调整砂率。

选择题答案

1. D **2.** B **3.** A **4.** A **5.** B **6.** C **7.** B **8.** B **9.** B **10.** A **11.** A **12.** B

13. B **14.** D **15.** B **16.** B **17.** A **18.** D **19.** D **20.** D **21.** C **22.** B **23.** D

24. B **25.** A **26.** B

五、是非题(正确的写"T",错误的写"F")

 1. 用高等级水泥配制低等级混凝土时,如果混凝土的强度刚好能得到保证,但混凝土的耐久性不易保证。( )

 2. 表观密度相同的骨料,级配好的比级配差的堆积密度小。( )

 3. 级配好的骨料,其空隙率小,表面积大。( )

 4. 在结构尺寸及施工条件允许下,应尽可能选择较大粒径的粗骨料,这样可节约水泥。

( )

5. 若增加加气混凝土砌块墙体的墙厚,则加气混凝土的导热系数降低。（　　　）

6. 普通混凝土的弹性模量是割线弹性模量,而不是切线弹性模量。（　　　）

7. 当混凝土的水胶比较小时,其所采用的合理砂率值较小。（　　　）

8. 同种骨料,级配良好者配制的混凝土强度高。（　　　）

9. 流动性大的混凝土比流动性小的混凝土强度低。（　　　）

10. 当砂子的细度模数较小时,混凝土的合理砂率值较大。（　　　）

11. 在其他原材料相同的情况下,混凝土中的水泥用量愈多,混凝土的密实性和强度愈高。（　　　）

12. 卵石混凝土比同条件配合比拌制的碎石混凝土的流动性好,但强度则低一些。（　　　）

13. 降低水胶比和选用较细的砂,均可减少混凝土的干缩值。（　　　）

14. 普通混凝土的强度与其水胶比成线性关系。（　　　）

15. 在常用水胶比范围内,水胶比越小,混凝土强度越高。（　　　）

16. 用重量法进行混凝土配合比计算时,必须考虑混凝土有 $a\%$ 的含气量。（　　　）

17. 混凝土外加剂是一种能使混凝土强度大幅度提高的填充料。（　　　）

18. 混凝土的干燥收缩是混凝土结构非荷载开裂的主要原因之一。（　　　）

19. 在混凝土中掺入适量减水剂,不减少用水量,则可改善混凝土拌合物的和易性,显著提高混凝土的强度,并可节约水泥的用量。（　　　）

20. 混凝土的强度平均值和标准差,都是说明混凝土质量的离散程度的。（　　　）

21. 没有低水化热水泥,就不能进行大体积混凝土的施工。（　　　）

22. 石子的最大粒径增大到一定程度,混凝土的强度反而会降低。（　　　）

23. 配制混凝土时,应优先选用二区的砂。（　　　）

24. 固定需水量定则表明,混凝土的坍落度主要是单位用水量决定的。（　　　）

25. 复合外加剂往往比单一的外加剂效果更为明显。（　　　）

26. 基准配合比是坍落度满足要求的配比,但强度不一定满足要求。（　　　）

27. 只有砂的筛余曲线完全落在级配区内,才可用于拌制混凝土。（　　　）

28. 混凝土中掺加减水剂必然会增大其坍落度,提高强度并节省水泥。（　　　）

29. 各种混凝土外加剂的出现实际上相当于增加了多种特种水泥。（　　　）

30. 木质素系减水剂不适用于蒸养混凝土。（　　　）

31. 配制高强混凝土时,应选用碎石。（　　　）

32. 混凝土的徐变特性对预应力混凝土是不利的。（　　　）

33. 若按混凝土的设计强度进行配比设计,则混凝土实际上只能达到 50% 的强度保证率。（　　　）

34. 影响新拌混凝土和易性的最基本因素是水泥浆的体积和稠度。（　　　）

35. 结构设计时,各种构件的受力分析是以所用混凝土的标准立方体抗压强度为依据的。（　　　）

36. 轻骨料混凝土比普通混凝土具有更大的变形能力。（　　　）

37. 混凝土现场配制时,若不考虑骨料的含水率,实际上会降低混凝土的强度。（　　　）

38. 原则上不影响水泥的正常凝结硬化和混凝土耐久性的水都可用于拌制混凝

土。（　　）

39. 混凝土中掺加活性矿物外加剂，由于有效促进了水泥的水化反应，因此，混凝土的后期强度获得提高。（　　）

40. 基准配合比是所要求的各项性能指标均达到要求的配比。（　　）

是非题答案

1. T **2.** F **3.** F **4.** T **5.** F **6.** T **7.** T **8.** T **9.** F **10.** F **11.** F

12. T **13.** F **14.** F **15.** T **16.** F **17.** F **18.** T **19.** F **20.** F **21.** F

22. T **23.** T **24.** F **25.** T **26.** T **27.** F **28.** F **29.** T **30.** T **31.** T

32. T **33.** T **34.** T **35.** F **36.** T **37.** T **38.** T **39.** T **40.** F

六、计算题

1. 用 42.5 级普通水泥拌制的混凝土，在 10℃的条件下养护 7 d，测得其 150 mm×150 mm×150 mm 立方体试件的抗压强度为 25 MPa，试推估此混凝土在此温度下 28 d 的强度。

解： $f_{28} = f_n \cdot \dfrac{\lg 28}{\lg n} = 25 \times \dfrac{1.447}{0.845} = 42.8 \text{ MPa}$

2. 用 42.5 级普通硅酸盐水泥配制卵石混凝土，制作 100 mm×100 mm×100 mm 立方体试件 3 块，在标准条件下养护 7 d，测得破坏荷载分别为 240.98 kN，236.54 kN，247.13 kN。试估算该混凝土 28 d 的标准立方体试件抗压强度，估算该混凝土的水胶比值。

解：（1）计算单块试件的抗压强度值

$$f_{7,1} = \frac{240.98 \times 10^3}{100 \times 100} = 24.1 \text{ MPa}, \quad f_{7,2} = 23.7 \text{ MPa}, \quad f_{7,3} = 24.7 \text{ MPa}$$

（2）计算该组试件的强度代表值

因差值 $\dfrac{f_{7,3} - f_{7,1}}{f_{7,1}} \times 100\% = \dfrac{24.7 - 24.1}{24.1} \times 100\% = 2.5\% < 15\%$

故 $\overline{f}_7 = \dfrac{1}{3}(f_{7,1} + f_{7,2} + f_{7,3}) = \dfrac{1}{3}(24.1 + 23.7 + 24.7) = 24.2 \text{ MPa}$

（3）换算成标准尺寸试件的强度

$$f_{\text{cu},7} = 0.95 f_7 = 0.95 \times 24.2 = 23.0 \text{ MPa}$$

（4）估算 28 d 的强度

$$f_{\text{cu},28} = f_{\text{cu},7} \cdot \frac{\lg 28}{\lg 7} = 23.0 \times \frac{1.447}{0.845} = 39.4 \text{ MPa}$$

（5）估算水灰比

因不知水泥强度富裕系数，取 $f_{ce} = 42.5$ MPa；对于卵石，$\alpha_a = 0.49$，$\alpha_b = 0.13$。

故 $W/B = \dfrac{\alpha_a f_b}{f_{\text{cu},28} + \alpha_a \alpha_b f_b} = \dfrac{0.49 \times 42.5}{39.4 + 0.49 \times 0.31 \times 42.5} = \dfrac{20.825}{42.11} = 0.49$

3. 3 个预拌混凝土厂生产的混凝土，分别称之为甲、乙、丙。生产 C20 混凝土，统计某批

C20 混凝土实际平均强度分别为 23.0 MPa，24.1 MPa 和 23.7 MPa。c_v 值分别为 0.102，0.155 和 0.079，问 3 个厂生产的混凝土强度保证率（P）分别是多少？并比较 3 个厂生产质量控制水平的等级各如何？

解：计算各厂的概率度：

$$t_1 = \frac{\overline{f}_{cu} - f_{cu,k}}{\sigma} = \frac{\overline{f}_{cu} - f_{cu,k}}{c_v \overline{f}_{cu}} = \frac{23 - 20}{0.102 \times 23} = 1.279, \quad t_2 = 1.10, \quad t_3 = 1.98$$

根据概率度查表，得：$t_1 = 90\%$，$t_2 = 86.3\%$，$t_3 = 97.7\%$。

质量控制水平：甲厂为一般，乙厂为差，丙厂为优良。

4. 钢筋混凝土立柱的混凝土设计要求强度等级 C30，坍落度要求 100～120 mm，使用环境为干燥的办公用房内。所用原材料：水泥：强度等级 42.5 普通水泥，密度 $\rho_c = 3\,000$ kg/m^3；实测强度为 45.2 MPa；矿粉：掺量 30%，$\rho_s = 2\,850$kg/m^3；粉煤灰：掺量 15%，密度 $\rho_f = 2\,700$kg/m^3；砂：细度模数 $M_x = 2.6$ 的中砂，级配为 II 区，表观密度 $\rho_s = 2\,655$ kg/m^3；石子：5～40 mm；碎石，表观密度 $\rho_g = 2\,670$ kg/m^3；减水剂掺量 0.2%。施工单位同一品种混凝土的强度标准差为 5.0 MPa。

求：(1) 确定计算配合比；

（2）经试拌，增加 3% 水泥浆后坍落度符合要求，并测得新拌混凝土的表观密度为 2\,390 kg/m^3，请确定基准配合比；

（3）若以基准配合比，以及水胶比增减 0.05 的两个水灰比，分别拌制三个混凝土拌合物试样，则得表观密度分别为 2\,400 kg/m^3，2\,390 kg/m^3 和 2\,380 kg/m^3，然后做成立方体试块，测定 28 d 抗压强度。按水胶比大小为序，强度分别为：33.6 MPa，37.4 MPa 和 41.1 MPa，请确定实验室配合比。

解：(1) 确定计算配合比

① 计算配制强度

$$f_{cu,0} = f_{cu,k} + 1.645\sigma = 30 + 1.645 \times 5.0 = 38.2 \,(\text{MPa})$$

② 计算水灰质量比

$$f_b = \gamma_f \gamma_s f_{ce} = 0.85 \times 0.90 \times 45.2 = 34.6 \text{MPa}$$

$$W/B = \frac{\alpha_a \cdot f_b}{f_{cu,0} + \alpha_a \cdot \alpha_b \cdot f_b} = \frac{0.52 \times 34.6}{38.2 + 0.52 \times 0.20 \times 34.6} = 0.43$$

查"混凝土最大水灰比和最小胶凝材料用量限值"表（见教材），干燥环境中最大水胶质量比为 0.60，所以取计算所得的水胶比 0.43。

③ 选取用水量

根据坍落度 100～120 mm、最大粒径 40 mm，查"混凝土单位用水量"的推荐表（见教材），得用水量 $m_{w0} = 200$ kg/m^3。

考虑减水率 15%，故 $m_{w0} = 200 \times (1 - 15\%) = 170$kg。

④ 计算水泥用量、矿粉和粉煤灰用量

$$m_{b0} = \frac{m_{w0}}{B/C} = \frac{170}{0.43} = 395 \,(\text{kg}/m^3)$$

其中，矿粉 118kg，粉煤灰 59kg，水泥 218kg。

查"混凝土最大水灰比和最小胶凝材料用量限值"表，干燥环境中最小胶凝材料用量为 280 kg/m^3，所以取胶凝材料用量 $m_{c0} = 395 \text{ kg/m}^3$。

⑤ 选取砂率

根据水胶比 0.43 和碎石最大粒径 40 mm 查"混凝土的砂率"推荐表（见教材），选取砂率 $\beta_s = 36\%$。

⑥ 计算砂、石用量

采用体积法，有

$$\begin{cases} \dfrac{218}{3\,000} + \dfrac{118}{2\,850} + \dfrac{59}{2\,700} + \dfrac{m_{g0}}{2\,670} + \dfrac{m_{s0}}{2\,655} + \dfrac{175}{1\,000} + 0.01 \times 1 = 1 \\[3mm] \dfrac{m_{s0}}{m_{s0} + m_{g0}} = 36\% \end{cases}$$

解得 $m_{s0} = 656 \text{ kg/m}^3$，$m_{g0} = 1\,166 \text{ kg/m}^3$。

混凝土的计算配合比为：水泥 218 kg/m^3，矿粉 118kg，粉煤灰 59kg，水 170 kg/m^3，砂 656 kg/m^3，石 $1\,166 \text{ kg/m}^3$。

（2）校核稠度，确定基准配合比

以实测表观密度，校正每立方米混凝土中各项材料的用量，kg/m^3：

$$m_{b0} = \frac{395 \times (1 + 3\%)}{(395 + 170) \times (1 + 3\%) + 656 + 1\,166} \times 2\,390 = 404$$

$$m_{w0} = \frac{170 \times (1 + 3\%)}{(395 + 170) \times (1 + 3\%) + 656 + 1\,166} \times 2\,390 = 174$$

$$m_{s0} = \frac{656}{(395 + 170) \times (1 + 3\%) + 656 + 1\,166} \times 2\,390 = 652$$

$$m_{g0} = \frac{1\,166}{(395 + 170) \times (1 + 3\%) + 656 + 1\,166} \times 2\,390 = 1\,159$$

混凝土的基准配合比为：胶凝材料 404kg/mm³，砂 652 kg/m³，石子 1 159 kg/m³，水 174 kg/m³。

（3）校核强度，确定实验室配合比

基准水胶质量比为 0.42，增减 0.05 后得另两个水胶比为 0.38 和 0.48。根据这两个水胶比计算出两个混凝土配合比（略）。然后按 3 个配合比分别拌制 3 个混凝土拌合物试样，校核坍落度后，制作强度试块，标准养护 28 d 后测强，结果如表 6-3 所示。

材料三大类，如表 0-1 所示。

表 6-3

编号	水胶比	胶水比	实测表观密度/(kg/m³)	28 d 抗压强度/MPa
1	0.38	2.63	2 400	41.1
2	0.43	2.33	2 390	37.4
3	0.48	2.08	2 380	33.6

根据配制强度,由作图法得胶水比 2.41(图 6-1),即水胶比 0.41。用所确定的水胶比重新计算各项组成材料的用量(kg/m³):

$$m_w = 174 \text{kg}$$

$$m_{b0} = \frac{174}{0.41} = 424 \text{kg}$$

取 $m_s = 652 \text{kg}$,$m_g = 1\,159 \text{kg}$。

$$\rho_{c,c} = 174 + 424 + 652 + 1\,159 = 2\,409 \text{kg/m}^3$$

$\rho_{c,t} = 2\,390$ kg/m³(以与选定胶水比的一组较为相近的基准组实测值为准)

误差 $= \dfrac{2\,409 - 2\,390}{2\,409} = 0.8\%$,未超过 2%,不用校正,故实验室配合比为:

每方混凝土各材料用量:

水:174 kg,水泥:233 kg,矿粉:127kg,粉煤灰:64kg,砂:656 kg,石:1 159 kg。

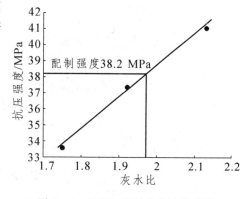

图 6-1 抗压强度与胶水比关系图

5. 碎石混凝土原配合比为:水泥 3 70 kg/m³、砂 650 kg/m³、石子 1 200 kg/m³、水 185 kg/m³;所用水泥的实际 28d 抗压强度为 46.1 MPa。现准备使用 M 型减水剂(减水率 13%)来提高强度,并维持原混凝土坍落度和水泥用量不变,请估算强度提高值。

解: 掺减水剂后的用水量 $m_{wa} = m_{w0}(1+\beta) = 185 \times (1-13\%) = 161 \text{ kg/m}^3$

$$f_{cu,0} = \alpha_a f_{ce}(B/W - \alpha_b) = 0.53 \times 46.1 \times \left(\frac{370}{185} - 0.20\right) = 44.0 \text{ MPa}$$

强度提高值 $\Delta f_{cu} = f_{cu,a} - f_{cu,0} = 51.3 - 44.0 = 7.3 \text{ MPa}$

第七章 建筑砂浆

重点知识提要

建筑砂浆是由胶凝材料、细骨料、水和外加剂按一定比例配制而成的建筑材料。砂浆按其所用胶凝材料的不同,可分为水泥砂浆、石灰砂浆和混合砂浆;按其用途可分为砌筑砂浆、抹面砂浆、装饰砂浆、防水砂浆以及耐酸防腐、绝热、吸声等特种用途砂浆;按其生产形式可分成现场拌制砂浆和预拌砂浆;预拌砂浆按其干湿状态可分成预拌湿砂浆和预拌干混砂浆。

第一节 建筑砂浆基本组成与性质

一、建筑砂浆基本组成

水泥、石灰、石膏和黏土均可作为砂浆胶凝材料。砂浆一般选用中、低等级的水泥即能满足强度要求。若水泥等级过高则可加些混合材如粉煤灰,以节约水泥用量。对于特殊用途的砂浆可用特种水泥(如膨胀水泥、快硬水泥)和有机胶凝材料(如合成树脂、合成橡胶等)。

砂浆用砂应符合国家标准《建筑用砂》(GB 14684—2011)规定的技术性能要求。砂浆用砂应达到4.75mm方孔筛的累计筛余量为0的要求。另外,尚有用于保温砂浆的轻集料,如:膨胀珍珠岩、膨胀蛭石等。

为了改善砂浆的和易性,现场拌制混合砂浆中常掺入石灰膏(现场拌制水泥砂浆中掺入微沫剂),预拌砂浆中采用纤维素醚稠化剂。预拌砂浆还采用其他外加剂有塑化剂、可再分散乳胶粉、早强剂、引气剂、缓凝剂、速凝剂等。

预拌砂浆中还加入用于改善砂浆抗裂性能的各种纤维。

砂浆用水要求应与混凝土拌合用水要求相同。

二、建筑砂浆的基本性能

1. 新拌砂浆的和易性

(1)流动性

砂浆流动性又称稠度,表示砂浆在重力或外力作用下流动的性能。砂浆流动性的大小用稠度值表示,通常用砂浆稠度测定仪测定。稠度值大的砂浆表示流动性较好。

水泥用量和用水量多,砂子级配好、棱角少、颗粒粗,则砂浆的流动性大。

砂浆流动性的选择与砌体种类、施工方法以及天气情况有关。对于多孔吸水的砌体材料和干热天气,砂浆的流动性应大些;而密实不吸水的材料和湿冷天气,其流动性应小些。

（2）保水性

砂浆保水性是指砂浆能保持水分的能力。砂浆保水性以分层度表示,用砂浆分层度测量仪测定。一般分层度值以 10～20mm 为宜,在此范围内砌筑或抹面均可使用。判定预拌砂浆保水性用保水率表示。按照行业标准《预拌砂浆》(JGJ/T 230—2007)预拌砂浆的保水率需≥88%。

2. 硬化砂浆的性质

（1）强度

砂浆硬化后应有足够的强度。其强度是以边长为 70.7mm 的立方体试件标准养护 28d 的抗压强度表示。砌筑砂浆的强度等级分为 M30,M25,M20,M15,M10,M7.5 和 M5。

砂浆强度受砂浆本身的组成材料及配比的影响。同种砂浆在配比相同的情况下,砂浆强度还与基层材料的吸水性能有关。

（2）黏结力

砂浆应具有一定的黏结力。通常,砂浆黏结力随其抗压强度增大而提高。黏结力还与基底表面的粗糙程度、洁净程度、润湿情况及施工养护条件等因素有关。在充分润湿、粗糙、洁净的表面上使用且养护良好的条件下,砂浆与基底黏结较好。

第二节 常用建筑砂浆

一、砌筑砂浆

将砖、石、砌块等粘结成为整个砌体的砂浆称为砌筑砂浆。

1. 现场配制砂浆配合比计算与确定

砌筑砂浆配合比应满足施工和易性的要求,保证设计强度,还应尽可能节约水泥,降低成本。每立方米砂浆中各组分材料的用量应按下列步骤进行确定:

（1）按公式 $f_{m,0}=kf_2$ 计算砂浆试配强度 $f_{m,0}$(MPa)。

（2）按公式 $Q_C=\dfrac{1000(f_{m,0}-\beta)}{\alpha \cdot f_{ce}}$,计算水泥用量 Q_C(kg/m^3),其中 $\alpha=3.03,\beta=-15.09$。

（3）按公式 $Q_D=Q_A-Q_C$,计算水泥混合砂浆的掺加料用量(kg/m^3),Q_A 可取 350kg。

（4）以干燥状态(含水率小于 0.5%)的砂堆积密度值作为砂子用量 Q_S(kg/m^3)。

（5）根据砂浆稠度的要求,凭经验选定用水量 Q_W。

（6）和易性校核:按上述配合比进行试配,测定拌合物的稠度和分层度,当不能满足要求时,应调整材料用量,直到符合要求为止,得到砂浆的基准配合比。

（7）强度校核:试配时至少采用 3 个不同的配合比,其一为砂浆基准配合比,另外两个配合比的水泥用量按基准配合比分别增加及减少 10%。成型并养护至 28d,测定砂浆试块的强度,最后选定强度符合要求、水泥用量最低的配合比作为砂浆配合比。

二、抹面砂浆

涂抹于建筑物表面的砂浆统称为抹面砂浆。抹面砂浆按其功能的不同可分为普通抹面砂浆、装饰砂浆合具有特殊功能的抹面砂浆等。

1. 普通抹面砂浆

普通抹面砂浆用于室外时,对建筑物或墙体起保护作用。它可以抵抗风、雨、雪等自然因素以及有害介质的侵蚀,提高建筑物或墙体的抗风化、防潮和绝热的能力,用于室内则可以改善建筑物的适用性和表面平整、光洁、美观、具有装饰效果。

抹面砂浆通常分两层或三层进行施工。底层砂浆的作用是使砂浆与基底牢固粘结,对于砖、混凝土基底多用混合砂浆,对于板条墙、顶棚多用麻刀石灰砂浆;中层主要用来找平,多用混合砂浆或石灰砂浆;面层主要起装饰作用,多用混合砂浆、麻刀石灰砂浆或纸筋石灰砂浆。

2. 防水砂浆

用作防水层的砂浆叫做防水砂浆,适用于不受振动和具有一定刚度的混凝土或砖石砌体的表面,应用于地下室、水塔、水池等防水工程。常用的防水砂浆主要有以下 3 种:富水泥砂浆、掺防水剂的水泥砂浆、膨胀水泥或无收缩水泥配制的砂浆。通常要求水泥强度等级不低于 32.5,砂宜采用中砂或粗砂,灰砂比控制在 1∶2～1∶3,水胶比的范围为 0.40～0.50。

3. 装饰砂浆

用于室外装饰以增加建筑物美观效果的砂浆称为装饰砂浆,常用的有拉毛、水刷石、水磨石、干黏石、斩假石。

第三节 预 拌 砂 浆

商品砂浆分为预拌砂浆(湿)和干混砂浆。

预拌砂浆由水泥、砂、保水增稠材料、水、粉煤灰或其他矿物掺合料和外加剂等组分按一定比例,在集中搅拌站经计量、拌制后,用搅拌运输车运至使用地点,放入密闭容器储存,并在规定时间内使用完毕的砂浆拌合物。

干混砂浆是由细集料与无机胶合料、保水增稠材料、矿物掺合料和添加剂按一定比例混合而成的一种颗粒状或粉状混合物。主要由黄砂、水泥、保水增稠材料、粉煤灰和外加剂组成。干混砂浆是在工厂里精确配制而成,与传统工艺配制的砂浆产品相比,具有以下特点:质量高、生产效率高、绿色环保技术、多种功能效果、产品性能优良、文明施工。干混砂浆种类丰富,主要有:墙面砂浆、墙地砖砂浆、地坪砂浆、砌筑砂浆。

建筑保温节能体系用保温砂浆属于特种干混砂浆,有膨胀珍珠岩保温砂浆、膨胀聚苯乙烯(EPS)颗粒保温砂浆、外墙外保温体系用黏结砂浆及抹面胶浆。

习 题 与 解 答

一、名词解释

1. 砂浆保水性　2. 砂浆流动性　3. 砌筑砂浆　4. 抹面砂浆　5. 水泥砂浆　6. 混合砂浆　7. 防水砂浆　8. 装饰砂浆　9. 预拌砂浆　10. 干粉砂浆

名词解释答案

1. 砂浆保水性:保水性是指砂浆能保持水分的能力。预拌砂浆和干混砂浆保水性用保水率表示。现场拌制砂浆用分层度表示,即指搅拌的砂浆在运输、停放、使用过程中,水与胶凝材料及骨料分离快慢的性质。砂浆的分层度一般以 10～20mm 为宜。分层度过大,保水性太差,不宜使用;分层度过小,易发生干缩裂缝。

2. 砂浆流动性:砂浆的流动性,是指在自重或外力作用下流动的性能,用砂浆稠度测定仪测定,以稠度表示。

3. 砌筑砂浆:将砖、石、砌块等墙体材料粘结成为整个砌体的砂浆称为砌筑砂浆。

4. 抹面砂浆:涂抹于建筑物或构筑物表面的砂浆统称为抹面砂浆。

5. 水泥砂浆:由水泥、细骨料、掺合料和水制成的砂浆。

6. 混合砂浆:由水泥和石灰等混合作为胶凝材料的砂浆。

7. 防水砂浆:用作防水层的砂浆称为防水砂浆。

8. 装饰砂浆:涂抹在建筑物内外墙表面,具有美观装饰效果的抹面砂浆。

9. 预拌砂浆:预拌砂浆由水泥、砂、保水增稠材料、水、粉煤灰或其他矿物掺合料和外加剂等组分按一定比例,在集中搅拌站经计量、拌制后,用搅拌运输车运至使用地点,放入密闭容器储存,并在规定时间内使用完毕的砂浆拌合物。

10. 干混砂浆:干粉砂浆由水泥、细集料、矿物外加剂和诸多功能性外加剂按一定比例,在生产线于干燥状态下通过专用混合机的搅拌,混合成的一种颗粒状或粉状均态的混合物,然后以干粉包装或散装的形式运至工地,按照规定比例加水拌和后即可直接使用施工的功能性建筑材料。

二、问答题

1. 砂浆的和易性包括哪些含义?各用什么来表示?

答:砂浆的和易性包括:流动性和保水性,前者用稠度表示,后者用保水率或分层度表示。

2. 影响砂浆流动性的主要因素有哪些?在原材料一定、灰砂比一定的情况下,砂浆流动性的大小主要取决于什么?

答:影响砂浆流动性的因素,主要有水泥或其他胶凝材料的用量、用水量、砂子的粗细程度、级配及粒型等。当原材料一定、灰砂比一定的情况下,砂浆流动性的大小主要取决于用水量。

3. 配制砂浆时,为什么除水泥外还有加入一定量的其他胶凝材料?

答:因使用水泥配制砂浆时,一般水泥的强度等级远大于砂浆的强度等级,因而用少量的水泥即可满足强度要求。但是水泥用量较少时,砂浆的流动性和保水性往往很差,特别是保水性。因此,严重地影响砂浆的施工质量,故常加入一些廉价的其他胶凝材料来提高砂浆的流动性,特别是保水性。

4. 为何要在石灰抹面砂浆中掺入纤维材料?

答:石灰抹面砂浆硬化时体积变化的特点是干燥收缩大,容易开裂。在石灰抹面砂浆中掺入纤维可以减少裂缝的产生,提高抹面的质量。

5. 为什么说黏结性和抗裂性是抹灰砂浆的主要性质?它们受哪些因素的影响?

答:抹面砂浆不承受荷载,它与基底层应具有良好的黏结力,以保证其在施工或长期自重或环境因素作用下不脱落、不开裂、且不丧失其主要功能。影响抹灰砂浆黏结性和抗裂性的主要因素包括水泥用量、水胶比和细骨料细度模数等。

6. 普通抹面砂浆的主要性能要求是什么？不同部位应采用何种抹面砂浆？

答：抹面砂浆的使用主要是大面积薄层涂抹在墙体表面，起填充、找平、装饰等作用，对砂浆的主要技术性能要求不是砂浆的强度，而是砂浆的和易性、基层的黏结力。

普通抹面砂浆一般分为两层或三层进行施工。底层起黏结作用，砖墙、混凝土的底层多用混合砂浆，板条墙和顶板的底层多用麻刀石灰砂浆。中层起找平作用，多用混合砂浆或石灰砂浆。面层起装饰作用，可用混合砂浆、麻刀石灰砂浆、纸筋石灰砂浆。

7. 何谓保温砂浆？主要有哪几种保温砂浆？

答：保温砂浆是以水泥、石灰膏、石膏等胶凝材料与膨胀珍珠岩、膨胀蛭石、陶粒、火山渣等轻质多孔骨料按一定比例配制而成的砂浆。具有轻质、绝热等特性。常用的保温砂浆有水泥膨胀珍珠岩砂浆、水泥膨胀蛭石砂浆、水泥石灰膨胀蛭石砂浆、粉煤灰膨胀珍珠岩砂浆等。

8. 何谓防水砂浆？如何配制防水砂浆？

答：防水砂浆是指具有良好抗渗性能、用于防水层的水泥砂浆。配制方法主要有以下三种：

（1）富水泥砂浆：使用强度等级不低于 32.5 的普通硅酸盐水泥、中砂或粗砂，砂浆的配合比：灰砂比约为 1∶2～1∶3，水灰比应为 0.40～0.50。

（2）掺防水剂的水泥砂浆：在上述富水泥砂浆的基础上，掺入一定量的防水剂而制成。

（3）膨胀水泥砂浆：用膨胀水泥替代普通水泥，配合比同上。

三、填空题

1. 拌制砂浆时，应使用水泥强度等级为砂浆强度等级的_____倍为宜。

2. 砂浆和易性包括_____和_____两方面的含义。

3. 抹面砂浆主要考虑的性能指标是_____、_____。

4. 测定砂浆强度的标准试件是_____mm 边长的立方体试件，在_____条件下养护_____d，测定其_____强度。

5. 为改善砂浆的和易性和节约水泥，常常在砂浆中掺入适量的_____、_____制成混合砂浆。

6. 影响砂浆黏结力的主要因素有_____、_____及_____等。

7. 红砖在用水泥砂浆砌筑施工前，一定要进行浇水湿润，其目的是_____。

8. 建筑节能体系用砂浆有_____、_____、_____。

填空题答案

1. 4～5　2. 流动性，保水性　3. 黏结性　防裂性　4. 70.7，标准，28，抗压　5. 粉煤灰，石灰膏　6. 抗压强度，基底表面的粗糙程度，清洁和润湿情况　7. 提高砂浆黏结力

8. 膨胀珍珠岩保温砂浆，膨胀聚苯乙烯（EPS）颗粒保温砂浆，外墙外保温体系用黍结砂浆及抹面胶浆

四、选择题

1. 砂浆的黏结力与下列因素中无关的是_____。

    A. 基面粗糙程度；   B. 基面清洁程度；

    C. 基面湿润情况；   D. 基面强度。

2. 在抹面砂浆中掺入纤维材料可以改善砂浆的_____。

    A. 强度；   B. 抗拉强度；   C. 保水性；   D. 分层度。

3. 砌筑砂浆用砂的最大粒径在砌体为毛石时不应超过灰缝厚度的_____。

    A. 1/2～1/3；   B. 1/3～1/4；

    C. 1/4～1/5；   D. 1/5～1/6。

4. 欲提高预拌砂浆的保水性，往往掺入适量的_____。

    A. 生石灰粉；   B. 石膏粉；   C. 石灰膏；   D. 稠化粉。

5. 测定砂浆的保水性，用_____试验。

    A. 稠度；   B. 流动度；   C. 分层度；   D. 工作度。

6. 用于重要结构的砌筑砂浆宜选用_____砂浆。

    A. 石灰砂浆；   B. 水泥砂浆；   C. 混合砂浆；   D. 其他砂浆。

7. 抹面砂浆分两层进行施工，各层抹灰要求不同，下列叙述_____为不当。

    A. 用于易碰撞或潮湿的地方，应采用混合砂浆；

    B. 面层抹灰，多用灰浆；

    C. 混凝土底层抹灰多用混合砂浆；

    D. 用于砖底层抹灰，多用石灰砂浆。

8. 黏土砖在砌筑墙体前一定要经过浇水润湿，其目的是为了_____。

    A. 把砖冲洗干净；   B. 保证砌筑砂浆的稠度；

    C. 增加砂浆与砖的胶结力。

9. 干混砂浆性能指标中不作规定的是_____。

    A. 强度；   B. 分层度；   C. 凝结时间。

10. 干混砂浆中添加乳胶粉的目的是为了提高砂浆的_____。

    A. 稠度；   B. 保水性；   C. 稳定性；   D. 黏聚性。

选择题答案

1. D **2.** B **3.** C **4.** D **5.** C,D **6.** B **7.** A **8.** C **9.** C **10.** D

五、是非题(正确的写"T"，错误的写"F")

1. 砂浆的强度以边长为 70.7 mm 的立方体试件标准养护 28 d 的抗压强度表示。（   ）

2. 砂浆强度等级越高，对泥含量的限值越高。（   ）

3. 影响砌筑砂浆流动性的因素，主要是用水量、水泥的用量、级配及粒形等，而与砂子的粗细程度无关。（   ）

4. 砂浆的流动性指标是稠度。（   ）

5. 用于多孔吸水基面的砌筑砂浆，其强度大小主要决定于水泥强度等级和水泥用量，而

与水灰比大小无关。（　　　）

6. 砂浆配合比设计时,其所用砂是以干燥状态为基准的。（　　　）

7. 砂浆保水性主要取决于砂中细颗粒的含量,这种颗粒越多,保水性越好。（　　　）

8. 抹面砂浆的抗裂性能比强度更为重要。（　　　）

9. 拌制抹面砂浆时,为保证足够的黏结性能,应尽量增大水泥用量。（　　　）

10. 干燥收缩对抹面砂浆的使用效果和耐久性影响最大。（　　　）

11. 砌筑砂浆的作用是将砌体材料黏结起来,因此,它的主要性能指标是黏结抗拉强度。（　　　）

是非题答案

1. T　**2.** F　**3.** F　**4.** T　**5.** T　**6.** T　**7.** F　**8.** T　**9.** F　**10.** T　**11.** F

六、计算题

某工程砌筑烧结普通粘土砖用水泥石灰砂浆,要求砂浆的强度等级为 M10。现场有 32.5,42.5 的矿渣硅酸盐水泥可供选用。已知所用水泥的堆积密度为 1 100 kg/m^3,中砂的含水率为 0.3%、干燥堆积密度为 1 500 kg/m^3,石灰膏的体积密度为 1 350 kg/m^3。试计算砂浆的配合比。

答:(1) 假设施工水平一般,查表得 $k=1.2$

砂浆配制强度 $f_{m,0}=kf_2=1.2\times10=12$ MPa

(2) 选用 42.5 矿渣硅酸盐水泥

水泥用量 $Q_c=1\,000 \cdot \dfrac{f_{m,0}-\beta}{\alpha \cdot f_{ce}}=1\,000 \cdot \dfrac{12-(-15.09)}{3.03\times42.5}=210$ kg/m^3

(3) 石灰膏用量 $Q_D=Q_A-Q_c=351-210=140$ kg/m^3

(4) 砂子用量 $Q_s=\rho_0'=1\,500$ kg/m^3

砂浆配合比:

质量比:水泥:石灰膏:砂子$=210:140:1\,500=1:0.67:7.14$

体积比:水泥:石灰膏:砂子$=\dfrac{201}{1\,100}:\dfrac{140}{1\,350}:\dfrac{1\,500}{1\,500}=0.190\,0:0.103\,7:1=1:0.54:5.24$

第八章

石材、墙体材料和屋面材料

重点知识提要

第一节　石材及其工程应用

从天然岩石体中开采后制成(或经加工制成)块状、板状或特定形状的材料通称为石材。

一、岩石的组成与分类

1. 组成

岩石是由一种或数种主要矿物所组成的集合体。构成岩石的矿物,称为造岩矿物。造岩矿物的性质及其含量等决定了岩石的性质。岩石中的主要造岩矿物有:

(1) 石英

结晶的 SiO_2。坚硬高强,化学稳定性和耐久性好,常呈白色、乳白或浅灰。

(2) 长石

结晶的铝硅酸盐。坚硬高强,化学稳定性和耐久性不及石英,易风化。

(3) 云母

片状含水铝硅酸盐晶体。有层理,易裂成薄片,耐久性差,强度较低。

(4) 角闪石、辉石、橄榄石

均为结晶的铁、镁、钙硅酸盐。高强,韧性好,耐久,暗色。

(5) 方解石

结晶的碳酸钙。白色,强度中等,易被酸类分解,微溶于水,易溶于碳酸水。

(6) 白云石

结晶的碳酸钙镁复盐($MgCO_3 \cdot CaCO_3$)。白色或灰色,强度高于方解石。

某些造岩矿物对岩石的性能不利,如石膏、云母、黄铁矿等。石膏易溶于水,云母易解理,黄铁矿遇水及氧化后生成硫酸。

2. 分类

岩石按地质形成条件可分为岩浆岩、沉积岩和变质岩三大类。

(1) 岩浆岩

由地壳深处上升的岩浆冷凝结晶而成的岩石,其成分主要是硅酸盐矿物,是组成地壳的主要岩石。根据冷却条件不同,可分为深成岩、喷出岩和火山岩三类。

深成岩是岩浆在地壳深处冷凝结晶而成的岩石,晶粒较粗,构造致密,故高强抗冻;喷出岩是熔岩喷出地壳表面,迅速冷却而成的岩石,岩层很厚时,其结构、性质接近深成岩。岩层较薄时,常呈多孔构造,强度等性质低于深成岩;火山岩是岩浆喷到空中,急速冷却后形成的岩石,呈玻璃体结构和多孔构造。

（2）沉积岩

地表岩石经风化、生物或火山作用后,成为碎屑颗粒或粉尘,经风或水的搬运,通过沉积和再造作用而形成的岩石。呈层状构造,孔隙率大,吸水率大,强度低,耐久性差。沉积岩分如下几种类型:

① 机械沉积岩　机械沉积岩是各种岩石风化后,在流水、风力或冰川作用下搬运、逐渐沉积,在覆盖层的压力下或由自然胶结物胶结而成的岩石,如页岩、砂岩和砾岩。

② 化学沉积岩　化学沉积岩是岩石中的矿物溶解在水中,经沉淀沉积而成的岩石,如石膏。

③ 生物沉积岩　生物沉积岩是由各种有机体的残骸经沉积而成的岩石,如石灰岩。

（3）变质岩

岩石由于强烈的地质活动,在高温和高压下,矿物再结晶或生成新矿物,使原来岩石的矿物成分、结构及构造发生显著变化而成为一种新的岩石,称为变质岩,大多是结晶体。它又分成:

① 正变质岩　正变质岩由岩浆岩变质而成。变质后产生片状构造,性能较原岩差。如花岗岩变质后成为片麻岩,易于分层剥落,耐久性差。

② 副变质岩　副变质岩由沉积岩变质而成。性能较原岩提高,如石灰岩和白云岩变质后成为大理岩,砂岩变质后成为石英岩,都较原岩坚固耐久。

二、岩石的构造与性能

岩石的结构和构造特征对岩石的物理和力学性能影响很大。

1. 结构与构造

岩石的结构是指岩石中矿物的结晶程度、颗粒大小、形态及结合方式的特征。岩石的构造是指岩石中矿物聚集的方式。

（1）块状构造

该岩石是由无序排列、分布均匀的造岩矿物所组成的一种构造。具有成分均匀、构造致密、整体性好的特点,因此这类岩石强度高,抗冻性和耐久性好。

（2）层片状构造

岩石的矿物成分、结构和颜色等沿垂直方向一层一层变化而形成层状构造。这类岩石,整体性差,各层的物理、力学性能不同。易被水侵蚀风化和破坏。但易于开采和加工。

（3）流纹、斑状、杏仁和结核状构造

流纹状构造是岩浆沿地表流动时冷却而形成的构造。斑状构造是较粗大的晶粒分布在微晶矿物或玻璃体中形成的构造。杏仁状构造是次生矿物填充在气孔中所形成的构造。部分沉积岩呈结核状,结核组成物与包裹其周围岩石的矿物成分不同。

上述几种构造所组成的岩石整体均匀性差,斑晶、杏仁及结核构造易开裂和破坏。

（4）气孔状构造

岩浆中含有一些易挥发的成分,当岩浆上升至地面或喷出地表时,由于温度和压力剧减,便形成气体逸出,岩浆凝固后便留下了气孔。气孔构造的岩石孔隙率大,强度低,绝热好。

2. 技术性质

石材的技术性质可分为物理性质、力学性质和工艺性质。

（1）物理性质

主要对石材的表观密度、吸水性、耐水性、抗冻性、耐火性和导热性有要求。为确保石材的强度、耐久性等性能,一般要求所用石材表观密度较大、吸水率小、耐水性好、抗冻性好以及耐火性好等。

（2）力学性质

① 抗压强度　石材的强度取决于造岩矿物及岩石的结构和构造。石材是典型的脆性材料,其抗压强度高,抗拉强度则低得多。石材的抗压强度是以三个边长为 50mm 的立方体试块吸水饱和状态下的抗压极限强度平均值表示。根据抗压强度值的大小,石材共分 7 个强度等级:MU100,MU80,MU60,MU50,MU40,MU30,MU20。

② 冲击韧性　石材的冲击韧性取决于矿物成分与构造。含暗色矿物较多的辉长岩、辉绿岩等具有较高的韧性,通常晶体结构的岩石较非晶体结构的岩石具有较高的韧性。

③ 硬度　造岩矿物的强度硬度高,构造紧密,则其岩石硬度高。岩石硬度用莫氏硬度（相对硬度）或肖氏硬度（绝对硬度）表示。莫氏硬度选用 10 种矿物作为标准,按硬度大小顺序分为 10 级,后一种矿物能刻划前一种矿物。肖氏硬度试验是将金刚石或钢球冲头,从一定高度落在试件表面上,用冲头回跳高度来计算硬度。

④ 耐磨性　通常岩石强度高,构造致密,则耐磨性也较好。用于建筑工程上,例如:台阶、人行道、地面、楼梯踏步等的石材,应具有较好的耐磨性。石材的耐磨性以磨损率（g/cm^2）表示:一定压力下研磨 100 次,磨损率 $M=(m_0-m_1)/A$。

式中,m_0 为磨前质量（g）,m_1 为磨后质量（g）,A 为试样受磨面积（cm^2）。

工程中用于基础、桥梁、隧道等的石材,常要求抗压强度、抗冻性与耐水性三项指标。

三、常用石材

1. 花岗岩

花岗岩是岩浆岩中分布最广的一种岩石,主要造岩矿物有石英、长石、云母和少量暗色矿物,属晶质结构,块状构造。花岗岩坚硬致密,抗压强度高,耐磨性好,耐久性高,装饰性好。花岗岩主要用于基础、勒脚、柱子、踏步、地面和室内外墙面等。

2. 辉长岩

辉长岩为深成岩,主要造岩矿物是暗色矿物,属全晶质等粒状结构,块状构造。岩石的强度高、韧性大、密度大、耐磨性强、耐久性好。既可承重,又可装饰。

3. 玄武岩

玄武岩为喷出岩,造岩矿物与辉长岩相似,属玻璃质或隐晶质斑状结构,气孔状或杏仁状构造。抗压强度随其结构和构造的不同而变化较大（100～500MPa）,容积密度为 2 900～3 500kg/m^3。性脆硬、耐久,加工困难。常用作筑路材料或混凝土集料。

4. 石灰岩

石灰岩为沉积岩,主要造岩矿物是方解石,属晶质结构,层状构造。质地致密的石灰岩,抗压强度为 20~120MPa,容积密度为 2000~2600kg/m³。若黏土杂质含量超过 3%~4%,则抗冻性、耐水性显著降低。大部分石灰岩质地细密、坚硬、抗风化能力较强。

5. 大理岩

大理岩由石灰岩或白云岩变质而成。主要造岩矿物仍然是方解石和白云石,属等粒变晶结构,块状构造。多数大理岩因含杂质,常呈各种颜色和花纹。质地致密但硬度不大,加工容易,是优良的室内装饰材料。易受酸雨的侵蚀,不宜用于室外装饰。

6. 砂岩

砂岩为沉积岩,主要造岩矿物有石英及少量的长石、方解石和白云石等,属碎屑结构、层状构造。不同砂岩的性质间差异很大,砂岩的抗压强度在 5~200MPa 范围内,容积密度为 2200~2500kg/m³。砂岩常用于基础、墙身、踏步等。

四、石材的应用及防护

1. 石材的应用

(1) 毛石

毛石是指岩石经爆破后所得形状不规则的石块,形状不规则的称为乱毛石,有两个大致平行面的称为平毛石。建筑上用毛石一般要求中部厚度不小于 150mm,长度为 300~400mm,抗压强度应大于 10MPa,软化系数应不小于 0.75。毛石常用来砌筑基础、勒脚、墙身、挡土墙、堤岸及护坡,还可以用于制做毛石混凝土。

(2) 料石

料石是指经加工而成规则的六面体块石,按表面加工的平整程度分为:毛料石、粗料石、半细料石和细料石。料石按形状可分为条石、方石及拱石。毛料石、粗料石主要应用于建筑物的基础、勒脚、墙体等部位,半细料石和细料石主要用作镶面材料。

(3) 石板

石板是用致密的岩石凿平或锯解而成,厚度一般为 20mm 的石材。装饰板材按表面加工程度可分为:表面平整、粗糙的粗面板材,表面平整、光滑的细面板材,表面平整、具有镜面光泽的镜面板材。细面花岗石板材(表面平滑无光)主要用于建筑物外墙面、柱面、台阶及勒脚等部位;镜面板材主要用于室内外墙面、柱面。大理石板主要用于室内装饰。

2. 石材的防护

为了防止与减轻石材的风化、破坏,可采取下列防护措施:

(1) 结构预防

建筑物暴露部分的石材如栏杆、楼梯、勒脚和屋顶等,制成易于排水的形状,使水分不易积存在表面,或在石材上覆盖一层导水材料。

(2) 表面磨光

采用致密的岩石,表面加工磨光,尽量使表面平滑无孔。

(3) 表面处理

石材表面可用石蜡或涂料(如硅氟酸镁溶液、水玻璃)进行处理,使其表面隔绝大气和水分。也可以用疏水剂作表面处理,延缓石材表面风化和降低污染。

第二节　墙　体　材　料

一、砖

1. 烧结砖

凡通过焙烧而制得的砖,称为烧结砖。

黏土制成坯体,经干燥然后入窑焙烧。焙烧过程中重新形成一些矿物,当温度升高到某些矿物的最低共熔点时,易熔成分开始熔化,出现玻璃体液相并填充于不熔颗粒的间隙中将其黏结,这一过程称为烧结。烧结使得坯体孔隙率下降,密实度增加,强度也相应提高,砖坯在氧化气氛中焙烧,黏土中铁呈红色的三价铁(Fe_2O_3),得红砖。当达到烧结温度后(1000℃左右),将窑内氧化气氛改变为还原气氛,继续焙烧,红色的三价铁被还原成青灰色的二价铁(FeO),即制成青砖。青砖有较高的强度和耐久性。

(1)烧结多孔砖

烧结多孔砖的孔洞多而小,且垂直于受压面。

砖的外型为六面体,砖规格尺寸为:290mm,240mm,190mm,180mm,140mm,115mm和90mm;

烧结多孔砖强度较高,表观密度为1400kg/m³左右,主要用于砌筑六层以下建筑物的承重墙或高层框架结构填充墙。由于为多孔构造,故不宜用于基础墙的砌筑。

(2)烧结空心砖

烧结空心砖的孔大而少,孔平行于大面和条面,孔洞率≥40%。砌筑时,孔洞水平方向放置,故又称为水平孔空心砖。烧结空心砖根据体积密度分为800,900,1000和1100 4个密度级别。根据大面及条面的抗压强度分为10,7.5,5.0,3.5和2.5 5个强度等级。烧结空心砖主要用于非承重墙体,如框架结构填充墙、非承重内隔墙。

(3)其他品种的空心砖

① 墙板空心砖　墙板空心砖是用规格不同、错缝铺砌的空心砖与钢筋混凝土预制、复合而成的墙板,可作内墙、外墙和隔墙的承重或非承重之用。

② 拱壳空心砖　拱壳空心砖又称挂勾砖,以黏土为主要原料烧制而成,用于砌筑拱形屋盖的异形空心砖。施工时利用砖与砖之间的挂钩悬砌,不用模板支撑。

③ 花格空心砖　花格空心砖用黏土为原料烧制而成,具有各种花饰造型。常用来砌筑门厅、屏风、栏杆、窗格、围墙等用作建筑立面处理。

(4)烧结普通砖

烧结普通砖是实心的烧结砖。

① 主要技术性质

• 规格尺寸　长方体的长宽高为240 mm×115 mm×53mm。考虑10mm砌筑灰缝厚度,则1m³的砖砌体需用砖数为:4×8×16=512块。

• 强度等级　根据10块砖样的抗压强度平均值和标准值(=平均值－1.8×标准差)或10块砖样的抗压强度平均值和单块最小抗压强度值分为MU30,MU25,MU20,MU15,MU10 5个强度等级。强度等级评定方法如下:

ⓐ 当变异系数≤0.21时,按抗压强度的平均值和标准值来评定砖的强度等级;

ⓑ 当变异系数>0.21时,按抗压强度的平均值和单块最小值来评定砖的强度等级。

• 抗风化性能 在干湿、温度、冻融变化等物理因素作用下,材料不破坏并长期保持其原有性质的能力。风化指数是指日气温从正温降至负温或从负温升至正温的每年平均天数与每年从霜冻之日起至消失霜冻之日止这一期间降雨总量(以 mm 计)的平均值的乘积。严重风化区(风化指数≥12700)中的黑龙江、吉林、辽宁、内蒙古、新疆地区的砖必须进行冻融试验。其他地区的砖的抗风化性能,如 5h 沸煮吸水率和饱和系数符合相关的规定时可不做冻融试验。评定指标:5h 沸煮吸水率、饱和系数、抗冻性。

• 泛霜 砖内可溶性盐(如硫酸钠)随砖内水分蒸发而在砖表面析出一层白霜。

• 石灰爆裂 砖的坯体中夹杂有石灰石,当砖焙烧时,石灰石分解为生石灰留置于砖中,砖吸水后体内生石灰熟化产生体积膨胀而使砖发生胀裂现象。

烧结普通砖(强度、放射性物质和抗风化性能合格的砖)根据尺寸偏差、外观质量、泛霜和石灰爆裂分为优等品(A)、一等品(B)、合格品(C)3 个质量等级。优等品适用于清水墙,其他等级用于混水墙。

② 应用

烧结普通砖的基本参数如下:表观密度为 $1800\sim1900 kg/m^3$,孔隙率为 30%～35%,吸水率为 8%～16%,导热系数为 $0.78W/(m \cdot k)$。

烧结普通砖强度良好,绝热、隔声性能也较为理想,而且价格低廉。烧结普通砖一直被用作建筑维护结构材料。

烧结普通砖自重大、体积小、生产效率低、能耗高,又需耗用大量耕地黏土,影响农业生产、生态环境和建筑业的发展速度。因此,我国提出了一系列限制使用黏土砖与支持鼓励新型墙体材料发展的政策(即所谓的禁实政策)。

2. 蒸养(压)砖

蒸养(压)砖是以含钙材料(石灰、电石渣等)和含硅材料(砂子、粉煤灰、煤矸石、炉渣和页岩等)加水拌和、经成型、蒸养或蒸压而制成的。其规格尺寸与烧结普通砖相同。

蒸养(压)砖有如下几个品种:

(1)粉煤灰砖

粉煤灰砖是以粉煤灰和石灰为主要原料制成,呈深灰色,表观密度约为 $1500 kg/m^3$。按抗压强度和抗折强度分为 MU30,MU25,MU20,MU15 和 MU10 5 个强度等级。

粉煤灰砖根据外观质量、强度、抗冻性和干燥收缩分为优等品、一等品和合格品。

粉煤灰砖可用于工业与民用建筑的墙体和基础,但用于基础或用于易受冻融和干湿交替作用的建筑部位,必须使用一等砖和优等砖。粉煤灰砖不得用于长期受热(200℃以下)、受急冷急热和有酸性介质侵蚀的建筑部位。为避免或减少收缩裂缝的产生,用粉煤灰砖砌筑的建筑物,应适当增设圈梁及伸缩缝。

(2)煤渣(炉渣)砖

炉渣砖是以煤渣为主要原料制成,呈黑灰色,表观密度为 $1500\sim2000 kg/m^3$。按抗压和抗折强度分为 MU25,MU20,MU15 3 个强度等级。该类砖可用于一般工程的内墙和非承重外墙,但不得用于长期受热(200℃以上)、受高温、受急冷急热交替作用或有酸性介质侵蚀的部位。

3. 灰砂砖

灰砂砖是用石灰和天然砂,经混合搅拌、陈伏、轮碾、加压成型、蒸压养护而制得的砖,呈淡灰色,其表观密度为 $1800\sim1900kg/m^3$。按抗压和抗折强度分为 MU25,MU20,MU15 和 MU10 4 个强度等级。

灰砂砖是压制成型的,表面光滑,与砂浆粘结较差;砌筑砂浆宜用混合砂浆,不宜用微沫砂浆。

灰砂砖可用于工业与民用建筑的墙体和基础。但由于灰砂砖中的某些水化产物(氢氧化钙、碳酸钙等)不耐酸,也不耐热,因此不得用于长期受热高于 200℃,受急冷急热交替作用或有酸性介质侵蚀的建筑部位,也不宜用于有流水冲刷的部位。

二、砌块

砌块是规格尺寸比砖大的人造块材,一般为长方体,也有各种异型。按产品主规格尺寸可分为大型砌块(高度大于 980mm)、中型砌块(高度为 380~980mm)和小型砌块(高度大于 115mm,小于 380mm)砌块按用途可分为承重砌块和非承重砌块;按空心率大小可分为实心砌块(无孔洞或空心率<25%)和空心砌块(空心率≥25%)。

1. 烧结多孔砌块

经焙烧而成、孔洞率大于或等于 33%,孔的尺寸小而数量多的砌块称为烧结多孔砌块。烧结多孔砌块的密度等级、强度等级划分和耐久性能与烧结多孔砖相同。

2. 混凝土小型空心砌块

凝土小型空心砌块是用普通混凝土制成的空心砌块。根据抗压强度分为 6 个强度等级 MU3.5~MU20.0。混凝土小型空心砌块主要用于一般工业和民用建筑的墙体。

3. 混凝土中型空心砌块

混凝土中型空心砌块是以水泥或无熟料水泥,配以一定比例的骨料,制成空心率≥25% 的制品。中型空心砌块具有表观密度小、强度较高、生产简单、施工方便等特点,适用于民用与一般工业建筑物的墙体。

4. 轻集料混凝土小型空心砌块

轻骨料混凝土小型空心砌块具有自重轻、保温性能好、抗震性能好、防火及隔音性能好等特点。按所用轻骨料的不同,可分为:陶粒混凝土小砌块、火山渣混凝土小砌块、煤渣混凝土小砌块等 3 种。

轻骨料混凝土小型空心砌块适用于多层或高层的非承重及承重保温墙、框架填充墙及隔墙。

5. 粉煤灰中型砌块

粉煤灰砌块是以粉煤灰、石灰、石膏和骨料等为原料,经加水搅拌、振动成型、蒸汽养护而制成的密实砌块。粉煤灰硅酸盐中型砌块具有良好的力学性能及较好的保温隔热性能,适用于一般的墙体工程。

6. 蒸压加气混凝土砌块

蒸压加气混凝土砌块是钙质的水泥、石灰和硅质的砂、粉煤灰为基本组分,加入发气剂铝粉,经搅拌、发气、成型、切割、蒸养等工艺制成。加气混凝土砌块具有轻质、隔声、保温性能良好及施工方便等特点,但强度较低,主要用于低层建筑的承重墙、多层建筑的隔墙和高层框架结构的填充墙。

7. 石膏砌块

石膏砌块是以石膏为主要原料制成的。其表面平整光洁,砌筑的墙面不需抹灰。石膏砌块具有轻质、防火、调节室内湿度、强度高、加工性能好等优点。石膏砌块作为非承重的填充墙体材料,主要用于砌筑内隔墙。

8. 装饰混凝土砌块

装饰混凝土砌块是一种新型复合墙体材料,它不仅是结构材料,而且是装饰材料。

三、墙板

我国目前可用于墙体的板材主要有承重用的预制混凝土大板,质轻的石膏板和加气硅酸盐板,各种植物纤维板及轻质多功能复合板材等。

第三节 屋面材料

屋面材料主要起防水作用。

一、瓦

粘土瓦有平瓦和脊瓦两种,是以黏土、页岩为主要原料,经成型、干燥、焙烧而成。

水泥类瓦如混凝土平瓦、石棉水泥波瓦、铁丝网水泥大波瓦,高分子类复合瓦如聚氯乙烯波纹瓦、玻璃钢波形瓦,玻璃纤维沥青瓦等。

琉璃瓦是用难熔黏土制坯,经干燥、上釉后焙烧而成。这种瓦表面光滑、质地坚密、色彩美丽,造型多样。多用于古建筑修复、纪念性建筑。

二、板材

屋面板材有彩色压型钢板、钢丝网水泥夹芯板、预应力空心板、金属面板与隔热芯材组成的复合板等。是集承重、保温、防水、装饰于一体的新型围护结构材料。

习 题 与 解 答

一、名词解释

1. 沉积岩 2. 变质岩 3. 岩浆岩 4. 深成岩 5. 喷出岩 6. 火山岩 7. 流纹 8. 斑状 9. 杏仁 10. 结核状构造 11. 花岗岩 12. 石灰岩 13. 大理岩 14. 辉长岩 15. 玄武岩 16. 砂岩 17. 烧结 18. 青砖 19. 红砖 20. 欠火砖 21. 过火砖 22. 石灰爆裂 23. 泛霜 24. 风化指数 25. 琉璃瓦 26. 酥砖和螺旋纹砖

名词解释答案

1. 沉积岩:沉积岩是地表岩石经长期风化作用,生物作用或某种火山作用后,成为碎屑颗粒状或粉尘状,经风或水的搬运,通过沉积和再造作用而形成的岩石。

2. 变质岩:岩石由于强烈的地质活动,在高温和高压下,矿物再结晶或生成新矿物,使原来岩石的矿物成分、结构及构造发生显著变化而成为一种新的岩石,称为变质岩。

3. 岩浆岩:岩浆岩是由地壳深处上升的岩浆冷凝结晶而成的岩石,其成分主要是硅酸盐矿物,是组成地壳的主要岩石。

4. 深成岩:深成岩为岩浆在地壳深处,处于深厚覆盖层的巨大压力下缓慢而均匀冷却而成的岩石。

5. 喷出岩:喷出岩为熔融的岩浆喷出地壳表面,迅速冷却而成的岩石。

6. 火山岩:火山岩是火山爆发时岩浆被喷到空中,急速冷却后形成的岩石。

7. 流纹:岩浆喷出地表后,沿地表流动时冷却而形成的构造称为流纹状构造。

8. 斑状:岩石成分中较粗大的晶粒分布在微晶矿物或玻璃体中的构造称为斑状构造。

9. 杏仁:岩石的气孔中被次生矿物填充,则形成杏仁状构造。

10. 结核状构造:部分沉积岩呈结核状,结核组成物与包裹其周围岩石的矿物成分不同,结核组成有钙质、硅质、铁质和铁锰质。

11. 花岗岩:花岗岩属岩浆岩,其主要造岩矿物有石英、长石、云母和少量暗色矿物。属晶质结构,块状构造。颜色有深青、紫红、浅灰和纯黑等。花岗岩坚硬致密,抗压强度高,耐磨性好,耐久性高。

12. 石灰岩:石灰岩属沉积岩,主要造岩矿物是方解石。属晶质结构,层状构造。其颜色随所含杂质的不同而不同,常见的有白色、灰色、浅黄或浅红,当有机质含量多时呈褐色至黑色。硅质石灰岩强度高、硬度大、耐久性好。大部分石灰岩质地细密、坚硬、抗风化能力较强。

13. 大理岩:大理岩由石灰岩或白云岩变质而成。由白云岩变质而成的大理岩性能优于由石灰岩变质而成的大理岩。大理岩的主要造岩矿物仍然是方解石和白云石,属等粒变晶结构,块状构造。抗压强度高,容积密度较大,纯大理岩为白色,俗称汉白玉。多数大理岩因含杂质而呈现不同的色彩,常见的有红、黄、棕、黑和绿等颜色。大理岩质地致密但硬度不大(3～4),加工容易,经加工后的大理石色彩美观,纹理自然,是优良的室内装饰材料。

14. 辉长岩:辉长岩属深成岩,主要造岩矿物是暗色矿物。属全晶质等粒状结构,块状构造。一般为绿色,容积密度大、强度高、韧性好、耐磨性强、耐久性好。

15. 玄武岩:玄武岩属于喷出岩,造岩矿物与辉长岩相似。属玻璃质或隐晶质斑状结构,气孔状或杏仁状构造。抗压强度随其结构和构造的不同而变化较大(100～500MPa),容积密度大,硬度高,脆性大,耐久性好,但加工困难。

16. 砂岩:砂岩属沉积岩,是由砂粒经天然胶结物质胶结而成。主要造岩矿物有石英及少量的长石、方解石和白云石等。其为碎屑结构、层状构造。不同的砂岩其性质间差异甚大,主要是胶结物质和构造不同所造成的。砂岩的抗压强度在 $5～200MPa$ 范围内,容积密度为 $2\,200～2\,500kg/m^3$。

17. 烧结:当温度升高达到某些矿物的最低共熔点时,易熔成分开始熔化,出现玻璃体液相并填充于不熔颗粒的间隙中将其黏结。此时,坯体孔隙率下降,密实度增加,强度也相应提高,这一过程称为烧结。

18. 青砖:砖坯开始在氧化气氛中焙烧,当达到烧结温度后(1000℃左右),再在还原气氛中继续焙烧,红色的三价铁被还原成青灰色的二价铁(FeO),即制成青砖。

19. 红砖：砖坯在氧化气氛中焙烧，黏土中铁的化合物被氧化成红色的三价铁（Fe_2O_3），因此烧成的砖为红色。

20. 欠火砖：焙烧火候不足或保持烧结温度时间不足的砖，强度低、耐久性差。

21. 过火砖：焙烧火候过头或保持烧结温度时间过长的砖，有弯曲等变形。

22. 石灰爆裂：石灰爆裂是指砖的坯体中夹杂有石灰石，当砖焙烧时，石灰石分解为生石灰留置于砖中，砖吸水后体内生石灰熟化产生体积膨胀而使砖发生胀裂现象。

23. 泛霜：泛霜是指黏土原料中的可溶性盐类，随砖内水分蒸发而沉积于砖的表面，形成的白色粉状物（又称盐析）。

24. 风化指数：指日气温从正温降至负温或从负温升至正温的每年平均天数与每年从霜冻之日起至消失霜冻之日止这一期间降雨总量（以 mm 计）的平均值的乘积。

25. 琉璃瓦：用难熔黏土制坯，经干燥、上釉后焙烧而成的瓦。

26. 酥砖和螺旋纹砖：酥砖指砖坯被雨水淋、受潮、受冻，或在焙烧过程中受热不均等原因，从而产生大量的网状裂纹的砖，这种现象会使砖的强度和抗冻性严重降低。

二、问答题

1. 岩石可分为哪几类？请叙述其特征。

答：岩石按地质形成条件分为岩浆岩、沉积岩、变质岩等三类。

岩浆岩中的深成岩和浅成岩以及致密的喷出岩，都具有容积密度大、抗压强度高、耐久性好、硬度和耐磨性较高，使用年限长等特点。呈多孔构造的喷出岩，即火山碎屑及其岩石，则容积密度小、抗压强度低、耐久性差、化学稳定性差。

沉积岩大都具有层状构造，每层的性质不同且各向异性。与深成岩比较，具有容积密度较小、孔隙率和吸水率大、耐久性和强度较低等特点。

正变质岩一般较原岩浆岩的性能差，多呈片状构造、各向异性、强度及耐久性均低于原岩浆岩。副变质岩一般较原沉积的性能好，结构致密、强度和耐久性提高。

2. 请说明岩石的基本组成。

答：岩石是由一种或数种主要矿物所组成的集合体。岩石中的主要造岩矿物有：石英、长石、云母、角闪石、辉石、橄榄石、方解石和白云石等。

3. 岩石应具有哪些主要的技术性质？

答：岩石应具有的主要技术性质包括物理性质、力学性质和工艺性质。

（1）物理性质主要有表观密度、吸水性、耐水性、抗冻性、耐火性和导热性有要求。为确保石材的强度、耐久性等性能，一般要求所用石材表观密度较大、吸水率小、耐水性好、抗冻性好以及耐火性好等。

（2）力学性质有抗压强度、冲击韧性、硬度、耐磨性等。

（3）工艺性质指开采和加工过程的难易程度及可能性，包括加工性、磨光性与抗钻性等。

4. 何谓岩石的风化？如何防止岩石的风化？

答：风化是指岩石在环境中的各种物理因素、化学因素和生物因素的长期作用下，而产生剥落、开裂等破坏。抗风化性能是烧结普通砖主要的耐久性之一，抗风化性能强，则经久耐用，使用寿命长。

防止风化的主要措施：①使石材表面磨光，避免积水；②表面加设防护层，如采用有机硅喷涂岩石表面,对碳酸盐类岩石(如大理石)可采用氟硅酸镁溶液涂刷其表面等。

5. 试述烧结砖的焙烧原理。

答:烧结砖的生产工艺流程为:采土→配料调制→制坯→干燥→焙烧→成品。生产的关键步骤是焙烧。黏土坯体在焙烧过程中发生一系列物理化学变化,重新化合形成一些合成矿物和易熔硅酸盐类新生物。当温度升高达到某些矿物的最低共熔点时,易熔成分开始熔化,出现玻璃体液相并填充于不熔颗粒的间隙中将其黏结。此时,坯体孔隙率下降,密实度增加,强度也相应提高,这一过程称为烧结。烧结后的黏土冷却后便成为烧结砖。

6. 请写出强度等级为 M25,质量等级为优等品的烧结普通砖的产品标记。

答:该产品标记为:烧结普通砖　N　MU25A　GB/T5101。

7. 风化区用什么指标表征?

答:风化区用风化指数进行划分。风化指数是指日气温从正温降至负温或从负温升至正温的每年平均天数与每年从霜冻之日起至消失霜冻之日止这一期间降雨总量(以 mm 计)的平均值的乘积。风化指数大于等于 12 700 为严重风化区,风化指数小于 12 700 为非严重风化区。

8. 简述烧结普通砖的产品等级评定方法

答:对于强度、放射性物质和抗风化性能合格的烧结普通砖,根据尺寸偏差、外观质量、泛霜和石灰爆裂分为优等品(A)、一等品(B)、合格品(C)3 个质量等级。优等品适用于清水墙和墙体装饰,一等品、合格品可用于混水墙。

9. 何谓"禁实"?

答:所谓"禁实"是国家关于禁止或限制烧结黏土砖的产量。因为生产黏土砖需要消耗大量土地资源,造成土地沙漠化,影响生态环境受损。

10. 简述烧结多孔砖的产品等级的评定依据。

答:烧结多孔砖的产品等级,根据尺寸偏差、外观质量、强度等级、物理性能划分为优等品(A)、一等品(B)、合格品(C)3 个产品等级。

11. 什么是烧结粉煤灰砖、烧结煤矸石砖?

答:烧结粉煤灰砖和烧结煤矸石砖,是将粉煤灰或经粉碎的煤矸石,掺入适量黏土为原料,经成型、焙烧制得的实心或孔洞率小于 15% 的砖。

12. 烧结空心砖的强度等级和质量等级如何划分的?

答:烧结空心砖是根据大面抗压强度划分为 10,7.5,5.0,3.5 和 2.5 等 5 个强度等级;根据表观密度分为 1100,1000,900 和 800 4 个密度级;每个密度级别的产品根据孔洞排数、尺寸偏差、外观质量等划分为优等品(A)、一等品(B)、合格品(C)3 个产品等级。产品中不允许有欠火砖和酥砖。

13. 目前所用的墙体材料有哪几类?说明它们各自的特点。

答:我国目前所用的墙体材料品种较多,总体可归为砖、砌块和板材三大类。

砖的优点主要是强度较高、耐久性好,具有一定的保温、隔热、隔音性能,并且原料广泛、制砖容易、施工方便、利于推广;其缺点主要是砖的容积密度大、砌体自重大、砖块小、施工效率低,且砌体整体性差,不利于抗震结构,按节能建筑要求,其导热系数偏大。而且生产效率低、能耗高,尤其是黏土砖,毁田严重,影响农业生产、生态环境和建筑业的发展速度。

砌块是用于砌筑的、规格尺寸比砖大的块材,一般为直角六面体,也有各种异形的。它原材料丰富、制作简单、施工效率较高,且适用性强。目前,我国以中小型砌块使用较多。如轻骨料混凝土小型空心砌块,具有自重轻、保温性能好、抗震性能好、防火及隔音性能好等特点。适用于多层或高层的非承重及承重保温墙、框架填充墙及隔墙。

以板材为围护墙体的建筑体系具有质轻、节能、施工方便快捷、使用面积大、开间布局灵活等特点,因此具有良好的发展前景。如预应力空心墙板,主要优点是板面平整,误差小,给施工带来很多便利,减少了湿作业,加快了施工速度,提高了工程质量。该墙板可用于承重、非承重外墙板、内墙板,并可根据需要增加保温吸声层、防水层和多种饰面层等。

14. 何谓能天然石材的安全性?

答:少数天然石材中可能含有镭-226、钍-232、钾-40等对人体有害的放射性元素,若这些元素的含量超过国家规定的标准,将会对人体的健康产生危害。因此,用于室内及人口密集处的石材应满足《建筑材料放射性核素限量》的规定。

三、填空题

1. _____石材强度高于_____石材强度,_____构造强度高于_____构造,层片状、气孔状构造强度低,构造致密的岩石强度高。

2. 按地质形成条件的不同,天然岩石可分为_____、_____及_____三大类。大理岩属于_____,花岗岩属于_____。

3. 岩石的气孔中被次生矿物填充,则形成_____构造。

4. 组成岩石的物质,其矿物成分、结构和颜色等特征沿垂直方向一层一层变化而形成_____构造。

5. 岩浆喷出地表后,沿地表流动时冷却而形成的构造称为_____构造。

6. 岩石的强度与_____和_____有关。

7. 工程上一般主要对石材的_____、_____、_____等性质有要求。

8. 石材属于_____材料,故其强度等级由_____来划分。

9. 石材的耐磨损性常用_____来表示,量纲为_____。

10. 石材的抗风化性是用_____、_____表示。

11. 大理岩由_____或_____变质而成。其特点是硬度不大,易于_____加工,富有_____性。

12. 石材的主要形式有_____、_____、_____三种。

13. _____板材主要用于建筑物外墙面、柱面、台阶及勒脚等部位;_____板材主要用于室内外墙面、柱面。_____板材经研磨、抛光成镜面主要用于室内装饰。

14. 花岗岩主要由_____、_____、_____和少量_____矿物所组成,属_____结构,_____构造,故具有良好的_____性和_____性,是十分优良的建筑石材。

15. 大理岩含有_____时,则呈现美丽的色彩和纹理,是优良的_____部装饰材料。

16. 建筑装修用的石材主要有_____和_____两大类。

17. 建筑上用毛石一般要求抗压强度应大于_____MPa,软化系数应不小于_____。

18. 工程上常用的变质岩有_____等岩石,岩浆岩有_____等岩石,沉积岩有_____等岩石。

19. 半细料石和细料石主要用作_____材料。

20. 烧结普通砖为矩形体,标准尺寸是_____;若加上砌筑灰缝厚度_____,则 4 个砖长、8 个砖宽、16 个砖厚都恰好是 1m,这样每立方米砌体的理论需用砖数是_____块。

21. 一般说青砖的耐久性比红砖_____。

22. 过火砖即使外观合格,也不宜用于保温墙体中,这主要是由于它的_____性能不理想。

23. 水平孔空心砖绝热性_____,强度_____,故可做_____墙体。而竖孔多孔砖的绝热性_____,强度较高,故可用于_____。

24. 在窑中烧砖,若焙烧时为_____气氛,则烧出青砖;若焙烧时为_____气氛,则烧出红砖;_____砖耐久性较好。

填空题答案

1. 结晶质,玻璃质,细颗粒,粗颗粒 2. 岩浆岩,沉积岩,变质岩,变质岩,岩浆岩 3. 杏仁状 4. 层状 5. 流纹状 6. 矿物组成,构造 7. 表观密度,吸水率,耐水性 8. 脆性,抗压强度值 9. 磨损率,g/cm^2 10. 沸煮吸水率,饱和系数 11. 石灰岩,白云岩,磨光,装饰 12. 料石,毛石,板材 13. 粗磨,磨光,抛光 14. 石英,长石,云母,暗色,晶质,块状,耐磨,耐久 15. 杂质(氧化铁、二氧化硅、云母及石墨等),(室)内 16. 花岗石,大理石 17. 10,0.75 18. 花岗岩,石灰岩,大理岩 19. 镶面 20. 240 mm×115 mm×53 mm,10 mm,512 21. 好 22. 保温 23. 好,较低,非承重,好,承重结构 24. 还原,氧化,青

四、选择题

1. 下列_____岩石属于变质岩。

　　A. 花岗岩、玄武岩、辉长岩、闪长岩、辉绿岩;

　　B. 石灰岩、砂岩;

　　C. 大理岩、片麻岩、石英岩。

2. 石材的硬度常用_____来表示。

　　A. 莫氏硬度;　　　B. 布氏硬度;　　　C. 洛氏硬度。

3. 砌筑用石材的抗压强度由边长为_____mm 立方体试件进行测试,并以_____个试件的平均值来表示。

　　A. 200,3;　　　B. 100,6;　　　C. 50,3。

4. 玄武岩属于_____岩石,通常被用来制备高强混凝土用骨料。

　　A. 岩浆岩;　　　B. 沉积岩;　　　C. 变质岩。

5. 用于砌筑砂浆用的砂属于_____。

　　A. 岩浆岩;　　　B. 沉积岩;　　　C. 变质岩。

6. 可以用下列方法中的_____鉴别过火砖和欠火砖。

A. 根据砖的强度；

B. 根据砖的颜色的深浅和打击声音；

C. 根据砖的外形尺寸。

7. 烧结多孔砖的强度等级是根据＿＿＿＿＿＿来划分的。

A. 抗弯强度；　　　B. 抗压强度；　　　C. 抗折强度。

8. 石材的强度取决于＿＿＿＿＿＿及岩石的＿＿＿＿＿＿。

A. 造岩矿物　结构和构造；　　　　　B. 造岩矿物　质地；

C. 结构　构造。

9. 大理石耐＿＿＿＿＿＿较好。

A. 硫酸；　　　　　B. 盐酸；　　　　　C. 草酸；　　　　　D. 碱。

10. 建筑石膏板和砌块适用于砌筑（　　　）。

A. 承重外墙；　　　B. 非承重外墙；　　C. 承重内墙；　　　D. 非承重内墙。

11. 下列墙体材料中，砌筑效率最高的是（　　　）。

A. 普通烧结砖；　　B. 多孔砖；　　　　C. 空心砖；　　　　D. 混凝土加气块。

12. 烧结黏土砖中，强度最大的是（　　　），只能用于非承重墙体的是（　　　）。

A. 普通烧结砖；　　B. 多孔砖；　　　　C. 空心砖。

13. 花岗石和大理石的耐候性（　　　）。

A. 相近；　　　　　　　　　　　　　　B. 花岗石大于大理石；

C. 大理石大于花岗石。

14. 混凝土小型空心砌块按＿＿＿＿＿＿分成若干等级。

A. 抗压强度；　　　B. 抗折强度；　　　C. 抗冻性；　　　　D. 耐候性。

15. 轻骨料混凝土小型空心砌块按（　　　）分成8个等级。

A. 抗压强度；　　　B. 抗折强度；　　　C. 密度等级。

选择题答案

1. A　2. A　3. C　4. A　5. B　6. B　7. B　8. A　9. D　10. D　11. D　12. A,C
13. B　14. A　15. C

五、是非题（正确的写"T"，错误的写"F"）

1. 岩石没有确定的化学组成和物理力学性质，同种岩石，产地不同，性能可能就不同。
（　　　）

2. 岩石的吸水率越大，则岩石的强度与耐久性越高。（　　　）

3. 同种岩石表观密度越小，则强度、吸水率、耐久性越高。（　　　）

4. 片麻岩由岩浆岩变质而成。（　　　）

5. 大理岩由石灰岩或白云岩变质而成。（　　　）

6. 建筑装饰工程中所说的大理石，实际上就是大理岩。（　　　）

7. 砂岩属变质岩，是由砂粒经天然胶结物质胶结而成。主要造岩矿物有石英及少量的
长石、方解石和白云石等。（　　　）

8. 耐磨耗性是以磨损率表示，它以石材在一定压力下受100次摩擦作用，其单位面积所

产生的质量损失表示。（　　）

9. 烧结黏土砖烧制得愈密实,则质量愈好。（　　）

10. 竖孔多孔砖的绝热性优于水平孔空心砖。（　　）

11. 黏土砖的抗压强度比抗折强度大很多。（　　）

12. 与大理石相比,花岗石耐久性更高,具有更广泛的使用范围。（　　）

是非题答案

1. T　**2.** F　**3.** F　**4.** T　**5.** T　**6.** F　**7.** F　**8.** T　**9.** F　**10.** F　**11.** T　**12.** F

六、计算题

对一组烧结普通砖进行强度测试,测得抗压强度（MPa）分别为:22.7,24.0,23.5,29.0,22.8,23.0,20.5,22.0,17.2,24.0,评定该烧结普通砖的强度等级。

解:10 块试样的抗压强度平均值:$\overline{f}=22.9$ MPa

10 块试样的抗压强度标准差:$S=\sqrt{\dfrac{1}{9}\sum\limits_{i=1}^{10}(f_i-\overline{f})^2}=2.96$ MPa

砖的强度变异系数:$\delta=\dfrac{S}{\overline{f}}=0.13$

当变异系数 $\delta\leqslant0.21$ 时,按抗压强度平均值（$\overline{f}$）、强度标准值 f_K 评定砖的强度等级。强度标准值:$f_K=\overline{f}-2.1\times S=22.6$ MPa

因此,该砖的强度等级评定为 MU20。

第九章

高分子建筑材料

重点知识提要

第一节 概　　述

一般把分子量低于 1 000 或 1 500 的化合物称作低分子化合物；分子量在 10 000 以上的称作高分子化合物（简称高分子）。高分子材料是以聚合物（树脂）为基础、加适当的助剂制配而成的工业原料。根据高分子材料的使用形态或用途，可以将其分为塑料、橡胶、纤维、涂料、黏合剂、聚合物基复合材料、特种高分子（功能高分子材料、生物高分子材料）等。其中塑料、橡胶和纤维产量较大，因此有三大合成材料的之称。

第二节 高分子建筑材料的基本性能

一、聚合物

聚合物，或称之为树脂，是高分子材料中最主要的成分，起着胶结剂的作用，它可将其他添加剂胶结在一起组成一种性能稳定的材料整体。在多组分塑料中，合成树脂往往要占到30%以上。

二、助剂

高分子材料的主要成分是聚合物，但为了加工或改性的需要，常加入如下一些助剂：

1. 稳定剂

抗氧剂可防止高分子建筑材料在加工和使用过程中的氧化老化；光稳定剂可提高高聚物材料抵抗紫外光的能力；热稳定剂可防止聚合物在加工和使用过程中的热降解。

2. 增塑剂

一般是高沸点的液体或低熔点的固体有机化合物，可提高聚合物在高温加工条件下的可塑性，增加高分子建筑材料制品在使用条件下的弹性和韧性，改善高分子建筑材料的低温脆性。

3. 填充剂和增强剂

填充剂又称填料，主要是一些粉状的无机化合物，如碳酸钙、滑石粉等。可降低成本和提高耐热性能。纤维状填料称作增强剂,是一些纤维状材料如玻璃纤维,可以提高高分子建筑材料的机械强度和耐热性能。

4. 固化剂

可使低分子量、线型分子的合成树脂发生交联反应,使其变成网状体型分子。

除上述助剂外,还有发泡剂、阻燃剂、着色剂、抗静电剂等。

第三节　高分子材料的结构和性能

一、聚合物的结构

由低分子单体合成聚合物的反应称作聚合反应。按照反应是否有副产品生成分为加聚反应和缩聚反应。加聚反应是由单体加成而聚合起来的反应称作加聚反应,氯乙烯加聚成聚氯乙烯就是一个例子,反应产物只有聚合物而没有其他单体。缩聚反应是由数种单体,通过缩合反应形成聚合物(也称缩聚物),同时析出水、卤化物、氨及醇等低分子化合物的过程。缩聚物的重复结构单元是由相应单体单元的大部分(去除了水或者其他低分子后)结构构成的。

高分子材料的性能与聚合物的化学结构密切相关。聚合物的化学结构可以分成线型、支链和交联网状结构三类。

线型、支链型大分子彼此以物理次价键力(范德华引力)吸引,相互聚集在一起,形成聚合物。这类聚合物如聚乙烯,可以加热融化软化,用适当溶剂可以溶解,称为热塑性树脂;交联网状结构的聚合物就像一个巨型分子,不能熔融,不能软化。这类聚合物称为热固性树脂。

二、高分子材料的基本性能

1. 物理状态

线型聚合物的玻璃态、高弹态、黏流态是受热和受力下的行为的反映,故称作力学三态。

交联聚合物没有黏流态。少交联的聚合物(例如:橡胶制品)有玻璃态和高弹态。高度交联的聚合物(例如:硬橡胶和大多数热固性高分子建筑材料)只有玻璃态,而没有高弹态和黏流态。结晶聚合物加热到熔点以上,可能直接进入黏流态,如果分子量很大,也可能进入一小段高弹区后再进入黏流态。

2. 力学性能

由于大分子长链的柔性,使得聚合物具有高弹性,但也使其弹性模量较小。

聚合物的黏弹性是指聚合物材料不但具有弹性材料的一般特性,同时还具有黏性流体的一些特征。聚合物的黏弹性表现在它有突出的力学松弛现象,如应力松弛、蠕变等。描述聚合物的力学行为时,必须同时考虑应力、应变、时间和温度4个参数。

3. 耐热性能、耐腐蚀性、耐老化性

聚合物材料的耐热性和耐老化性能一般较差,而耐腐蚀性能很好。

所谓老化是指聚合物材料受外界条件影响,性能逐渐变坏、质量下降的过程。光、热、力、氧、臭氧以及其他化学介质在一定条件下将引起聚合物化学结构的破坏,导致聚合物的降解,表现为聚合物材料变软发黏,强度降低,或者变硬发脆,失去弹性。

三、高分子材料的建筑特性

高分子材料主要的优良建筑特性有：密度小比强度高、加工性能优良、装饰性好、耐腐蚀性好、电绝缘性能好、减震、吸声和隔热性好、耐水性和耐水蒸汽性好等。但其热膨胀系数比较大，易燃烧和毒性气味也带来不利的影响。

第四节　常用高分子材料

一、塑料

1. 热塑性塑料

（1）聚氯乙烯

聚氯乙烯在常温下是无色、半透明、坚硬的固体。可以制成硬质、软质或发泡制品。由于含有氯，所以具有自熄性，这也是它成为建筑中应用最多的原因之一。

（2）聚烯烃

聚烯烃主要有聚乙烯和聚丙烯。

聚乙烯为透明或半透明物质，柔性很好，对酸、碱和溶剂作用油很好的化学稳定性，但其燃。主要用来制造防水薄膜、管子及某些卫生设备（冷水箱）。

聚丙烯是塑料中密度最小的，相对密度约为 0.90 左右。它也易燃。常用作上水管。

（3）苯乙烯类聚合物

聚苯乙烯为无色透明类似玻璃的塑料，透光率可达 88%～92%。可发性聚苯乙烯（EPS）用作泡沫塑料，是常用的保温材料；高抗冲聚苯乙烯（HIPS）则用于各种制品。

ABS 是丙烯腈-丁二烯-苯乙烯的共聚物，综合三者的特点，性能优异，可用作结构材料。

（4）丙烯酸酯类和甲基丙烯酸酯类聚合物

聚甲基丙烯酸甲酯（俗称有机玻璃）是透明（不仅透过可见光，还透过紫外线）的有机物，透光率高达 92%，而且重量轻，多制成片材或块体，可作透光的维护结构，也可制成管子等。

（5）聚醋酸乙烯酯及其共聚物和衍生物

聚醋酸乙烯酯常用作黏结剂，最著名的是以乳液形式应用的白胶。白胶具有强度较高，价格便宜的优点，缺点是耐水性较差。

聚乙烯醇是聚醋酸乙烯酯的水解产物。聚乙烯醇除具有良好的水溶性外，还具有良好的成膜性、黏接力和乳化性，有卓越的耐油脂和耐溶剂性能。聚乙烯醇被广泛地用作黏结剂、化妆品、油田化学品等。

乙烯/醋酸乙烯共聚物是由乙烯和醋酸乙烯共聚而成的，代号为 E/VAc，简称 EVA。特点是具有良好的柔软性，橡胶一样的弹性，透明性和表面光泽性好，化学稳定性良好，抗老化和耐臭氧强度好，无毒性。与填料的掺混性好，着色和成形加工性好。用于生产各种涂料和瓷砖黏结剂等。

2. 热固性塑料

（1）不饱和聚酯

不饱和聚酯由多元酸和多元醇缩聚而成。常以液态的低聚物形式加以利用，由于不饱和碳原子存在双键,所以能够不可逆的固化。它一般是室温固化的,固化时需加入固化剂和促进剂。它被大量用来生产玻璃钢制品和人造石材,也是黏合剂的主要原料。

（2）环氧树脂

环氧树脂未固化时为高黏度液体或脆性固体,加入固化剂后可在室温或高温下固化。它与各种材料都有很强的黏结力。它也用于人造大理石和人造玛瑙,也是黏合剂的主要原料。

（3）聚氨酯

聚氨酯是多异氰酸酯与聚酯或聚醚多元醇的聚合物。依反应组分的不同,可得热塑性的聚氨酯和热固性的聚氨酯。聚氨酯的性能优异,机械性能、耐老化性、耐热性等都比较好。作为泡沫塑料是很好的保温材料;也用作门窗等安装时的密封材料,同其他材料有很好的黏结性。聚氨酯泡沫塑料制品也用作保温材板材或作为轻质墙板。

二、橡胶和热塑性弹性体

橡胶有天然橡胶与合成橡胶。天然橡胶（NR）主要是由三叶橡胶树的乳胶制得。合成橡胶有顺丁橡胶、丁苯橡胶、氯丁橡胶和乙丙橡胶等。在建筑领域橡胶主要用于防水沥青改性和门窗、卫生洁具等的安装工程中。

三、天然高分子衍生物

在建筑材料领域大量应用的天然高分子衍生物主要有水溶性纤维素衍生物和淀粉衍生物。它们可改善砂浆的工作特性,缓凝,提高砂浆的黏结性能,并影响砂浆的耐水性能。

四、特种高分子

土木工程领域最常用的特种高分子莫过于用作水泥混凝土减水剂的聚合物。它们有木质素磺酸盐、萘磺酸盐甲醛缩合物、磺化三聚氰胺甲醛树脂、聚羧酸（盐）。

第五节　高分子材料在土木工程中的应用

高分子材料在土木工程的应用按制品形态可分成 11 个大类:薄膜(防水层)、薄板(地板)、异型板材(护墙板)、管材、异型材(门窗)、泡沫高分子建筑材料、模制品(卫生洁具)、溶液或乳液(涂料、黏合剂)、复合板材(墙板)、盒子结构(玻璃钢卫生间)和织物(壁布、土工布)。

习　题　与　解　答

一、名词解释

1. 高分子　2. 聚合物　3. 缩聚物　4. 加聚反应　5. 缩合反应(缩聚反应)　6. 线型结构聚合物　7. 体型结构聚合物　8. 热塑性高分子建筑材料　9. 热固性高分子建筑材料　10. 固化剂　11. 稳定剂　12. 增塑剂　13. 玻璃钢(GRP)　14. 土工织物　15. 土工膜

16. 胶黏剂　**17.** 固化剂或硫化剂　**18.** 固化或硫化促进剂　**19.** 防老剂

名词解释答案

1. 高分子:分子量在 10 000 以上的称作高分子化合物(简称高分子)。

2. 聚合物:或称之为树脂,是高分子材料中最主要的成分,起着胶结剂的作用,它可将其他添加剂胶结在一起组成一种性能稳定的材料整体。在多组分高分子建筑材料中,合成树脂往往要占到30%以上。

3. 缩聚物:通过缩合反应形成的缩聚物。

4. 加聚反应:单体加成而聚合起来的反应称作聚合反应。

5. 缩合反应(缩聚反应):由数种单体,通过缩合反应形成聚合物(也称缩聚物),同时析出水、卤化物、氨及醇等低分子化合物的反应称作缩合反应。

6. 线型结构聚合物:聚合物分子链的化学结构呈线型,分子间彼此以物理次价键吸引,相聚在一起,形成聚合物。这类聚合物具有热塑性。

7. 体型结构聚合物:聚合物是由许多线型或支链型大分子通过化学键连接而成,呈交联网状结构。这类聚合物具有热固性。

8. 热塑性高分子建筑材料:热塑性高分子建筑材料是指经加热成型、冷却硬化后,再经加热还具有可塑性的高分子建筑材料。

9. 热固性高分子建筑材料:热固性高分子建筑材料是指经加热成型、冷却硬化后,再经加热不再具有可塑性的高分子建筑材料。

10. 固化剂:固化剂又称硬化剂,主要用于使低分子量的合成树脂发生交联反应、使线型分子变成不熔不溶的网状体型分子。

11. 稳定剂:聚合物在加工成型和使用过程中,因受热、光、氧的作用,会引起降解、交联等现象,造成颜色变深、性能降低。为防止或抑制这种破坏而加入的物质统称为稳定剂。

12. 增塑剂:增塑剂一般为沸点较高、不易挥发、与树脂有良好相容性的液体或低熔点的固体有机化合物,可提高聚合物在高温加工条件下的可塑性,增加高分子建筑材料制品在使用条件下的弹性和韧性,改善高分子建筑材料的低温脆性。

13. 玻璃钢(GRP):玻璃钢采用玻璃纤维纱、布、短切纤维、毯和无纺布等浸渍增强不饱和环氧树脂、聚酯树脂等得到的一种复合材料制品。

14. 土工织物:土工织物属于透水的土工合成材料,也叫土工布(指用于岩土工程和土木工程的、可渗透的聚合物材料。它可以是机织的、针织的或非织造的)。所用的原材料一般为丙纶、涤纶或其他合成纤维。

15. 土工膜:土工膜是一种以高分子聚合物为基本原料的防水阻隔型材料。

16. 胶黏剂:凡具有在两个物体表面之间形成薄膜并将它们紧密黏结在一起功能的材料称为胶黏剂。

17. 固化剂或硫化剂:固化剂或硫化剂能使粘合剂形成网状结构和体型结构,增加胶层的内聚强度。

18. 固化或硫化促进剂:固化促进剂或硫化促进剂起加速固化或硫化的作用。

19. 防老剂:防老剂能提高胶层耐大气老化、热老化等的能力。

二、问答题

1. 有机高分子材料与传统建筑材料相比有何特点？

答：首先是密度小。有机高分子材料的密度一般为 $0.8\sim2.2g/cm^3$，仅为钢的 $1/8\sim1/4$，混凝土的 $1/3$，是一种轻质材料。

可加工性好。可以采用多种方法加工成型，制成薄板、管材、门窗等各种形状。

耐化学腐蚀性好。多数有机高分子材料结构十分稳定，对酸、碱、盐等介质的耐腐蚀性优于普通无机材料。

耐水性和耐水蒸气性强。多数高分子材料憎水性很强，吸水率和透气性很低，有良好的防水和防潮性，是土木工程中最常用的防水材料。

装饰性强。高分子材料可有各种鲜艳的颜色，还可进行印刷、电镀、压花等加工，使得其呈现丰富的装饰效果。

韧性好。常温大部分有机高分子材料的韧性良好，其中有许多强度较高，有些变形能力很强，使其在工程的某些部位可以取代脆性很强的无机材料。

电绝缘性优良。一般高分子材料都是点的不良导体。

耐高温和大气稳定性差。多数有机高分子材料高温下易产生软化、分解或燃烧等变化，失去工程性质，在阳光(特别是紫外线)、热、氧及水蒸汽的作用下，有机高分子材料的组成及内部结构会不断老化，使其不断变脆甚至开裂，性能逐渐恶化而失去原有的工程性质。

对环境和人体健康不利影响。有机高分子材料在生产施工及使用过程中可能释放出挥发性有机物，对环境和人的健康不利。

2. 合成树脂(高聚物)如何分类？

答：合成树脂根据合成时化学反应的不同分为缩合树脂(又称缩聚树脂)和聚合树脂(又称加聚树脂)；根据受热时树脂的变化又分为热塑性树脂和热固性树脂。

3. 请说明聚合物的结构对其力学性能的影响。

答：聚合物的结构对其力学性能的也有很大影响。对同一种聚合物，其中影响最大的是结晶和分子取向。一般而言，聚合物的结晶度大、球晶尺寸大，则材料的强度高，而断裂伸长率和韧性降低。在分子的取向上，聚合物材料的强度和模量都随取向度提高而迅速增大。高度取向时，在垂直于取向上的强度很小，容易裂开，利用这一特性可由高度拉伸的薄膜生产纤条。有些用于混凝土的增强纤维就是用这种方式来生产的，称为膜裂纤维。

4. 请叙述玻璃钢的组成及其特点。

答：玻璃钢是由聚合物胶结玻璃纤维布而成的片状材料。玻璃钢所用的胶结料有聚酯树脂、环氧树脂、酚醛等。

玻璃钢具有下列优异性能：成型性能好，可以制成各种结构形式和形状的结构件，也可以现场制作；重量轻而强度高，可以在满足设计要求的条件下，大大减轻建筑物的自重；具有很好的耐化学腐蚀性能；具有独特的透光性能，可以同时作为结构和采光材料使用，一材二用。

玻璃钢的缺点是刚度不如金属，有较大的变形。

5. 说明高分子材料的分类。

合成树脂(塑料)、合成橡胶和合成纤维通称为三大合成材料。这是根据高分子材料的用途来对它们进行分类的。塑料通常指常温下表现为坚硬的高分子材料,橡胶制常温下表现为软而有弹性的高分子材料,而合成纤维显然是指以纤维形态应用的高分子材料。作为聚合物材料,它们三者之间的区分并不是明显的。许多聚合物,既可以作为塑料,也能作为纤维使用,例如:聚丙烯(丙纶)、聚酯(涤纶)、聚酰胺(尼龙)等。同一种聚合物,由于使用助剂不同,既可以做成橡胶一样有很好的弹性的材料,又可以做成像塑料一样坚硬的材料,例如:聚氯乙烯(PVC),是门窗和管材的主要原料,也常常用于制造柔软的防水卷材。除了上述三类,高分子还常用作涂料(包括油漆)和黏结剂。

6. 何谓胶黏剂? 胶黏剂的主要组成有哪些? 其作用如何?

答:凡能在两个物体表面之间形成薄膜并将它们紧密黏结在一起的材料称为胶黏剂或黏合剂。

胶黏剂一般都是由多组分物质所组成,为了达到理想的黏结效果,除了起基本黏结作用的合成树脂外,通常还要加入各种配合剂。配合剂主要有:

(1) 固化剂或硫化剂:固化剂或硫化剂能使黏合剂形成网状结构和体型结构,增加胶层的内聚强度。

(2) 固化或硫化促进剂:固化促进剂或硫化促进剂起加速固化或硫化的作用。

(3) 防老剂:防老剂能提高胶层耐大气老化、热老化等的能力。

(4) 填充剂:填充剂能增加强度,提高耐热性,并降低黏合剂的成本。

(5) 增韧剂和增塑剂:增韧剂和增塑剂能有效的提高胶层的柔韧性。

(6) 稀释剂:稀释剂是一类能降低黏合剂黏度、改善黏合剂施工性能的物质。

此外,为了使黏合剂具有某些特殊性能,还可加入其他一些添加剂,如防霉剂、防腐剂等。

三、填空题

1. 高分子聚合物根据其物理性状分为＿＿＿＿＿＿、＿＿＿＿＿＿、＿＿＿＿＿＿三大类。

2. 高分子聚合物在制品成型阶段处于＿＿＿＿＿＿＿＿＿＿状态,而在使用阶段呈＿＿＿＿＿＿状态。

3. 高分子建筑材料中,添加增塑剂的目的是＿＿＿＿＿＿＿＿＿＿＿＿,一般为＿＿＿＿＿＿＿＿＿＿。

4. 高分子建筑材料中常用的粉状填充料有＿＿＿＿＿＿、＿＿＿＿＿＿等,常用的纤维填充料有＿＿＿＿＿＿等。

5. 阻燃剂的作用是阻滞聚合物燃烧,并使其具有自熄性。常用阻燃剂有＿＿＿＿＿＿、＿＿＿＿＿＿和＿＿＿＿＿＿。

6. 按照树脂受热时所表现的性质不同,树脂可分为＿＿＿＿＿＿树脂和＿＿＿＿＿＿树脂两类,其中,＿＿＿＿＿＿树脂受热时＿＿＿＿＿＿,冷却时＿＿＿＿＿＿,受热时不起化学反应,经多次冷热作用,仍能保持性能不变;热固性树脂受热＿＿＿＿＿＿＿＿。

7. 建筑工程上常用的热塑性树脂有＿＿＿＿＿＿、＿＿＿＿＿＿及＿＿＿＿＿＿等,常用的热固性树脂有＿＿＿＿＿＿、＿＿＿＿＿＿及＿＿＿＿＿＿等。

8. 用于胶接结构受力部位的胶黏剂以热＿＿＿＿＿＿性树脂为主;用于胶接非受力部位的胶黏剂以热＿＿＿＿＿＿性树脂为主;变形较大部位的胶黏剂以采用＿＿＿＿＿＿

为主。

9. 用高分子建筑材料制备的塑料窗,其主要质量指标项目有 _____、

_____、_____和_____等。

10. 线型聚合物的力学三态是_____、_____和_____等。

11. PVC 是_____的英文缩写。

12. 聚甲基丙烯酸甲酯俗称_____,其最大的特点是具有良好的_____。

填空题答案

1. 合成树脂,合成橡胶,合成纤维　2. 可塑,固体　3. 提高常温下的塑性,液态有机物
4. 石灰石粉,滑石粉,玻璃纤维　5. 含卤素化合物,含磷硼化合物,带结晶水无机物
6. 热塑性,热固性,热塑性,软化,硬化,不软化　7. 聚氯乙烯,聚苯乙烯,有机玻璃,环氧树脂,聚氨酯,脲醛高分子建筑材料　8. 固,塑,热塑性树脂　9. 气密性,水密性,抗风压强度,保温性　10. 玻璃态,高弹态,黏流态　11. 聚氯乙稀　12. 有机玻璃,透光性

四、选择题

1. 填充料是高分子建筑材料的重要组成,起着_____作用。
　　A. 胶结;　　　　B. 防老化;　　　　C. 增强;　　　　D. 加工塑性。

2. 无定型线型或支链聚合物随温度的变化,可以有_____。
　　A. 熔融态;　　　B. 结晶态;　　　　C. 高弹态;　　　D. 粘流态。

3. 高度交联的聚合物可以有_____。
　　A. 玻璃态;　　　B. 高弹态;　　　　C. 粘流态;　　　D. 结晶态。

4. 聚氯乙烯高分子建筑材料属于_____,具有_____。
　　A. 加聚物;　　　B. 缩聚物;　　　　C. 热塑性;　　　D. 热固性。

5. 聚苯乙烯高分子建筑材料属于_____,可发性聚苯乙烯经常被作为_____材料。
　　A. 胶黏材料;　　B. 保温材料;　　　C. 热塑性;　　　D. 热固性。

6. 高分子建筑材料主要组分是_____。
　　A. 填充料;　　　B. 合成树脂;　　　C. 固化剂;　　　D. 增塑剂。

7. 环氧树脂属于_____,其突出优点是具有良好的_____。
　　A. 透光性;　　　B. 黏结性;　　　　C. 热塑性;　　　D. 热固性。

8. 与无机材料相比,聚合物材料的耐腐蚀性_____。
　　A. 很好;　　　　B. 较好;　　　　　C. 一般;　　　　D. 较差。

9. 与无机材料相比,聚合物材料的耐热性_____。
　　A. 很好;　　　　B. 较好;　　　　　C. 一般;　　　　D. 较差。

10. 纤维素醚在建筑干粉砂浆中广泛采用,主要提高砂浆的_____。
　　A. 保水性;　　　B. 流动性;　　　　C. 抗压强度;　　　D. 抗折强度。

选择题答案

1. C 2. C,D 3. A 4. A,C 5. C,B 6. B 7. D,B 8. A 9. D 10. A

五、是非题(正确的写"T",错误的写"F")

1. 线型聚合物一定是热塑性的。(   )

2. 热塑性结构的聚合物一定是线型分子结构。(   )

3. 热固性树脂的分子结构都是体型的。(   )

4. 有机硅树脂具有很好的耐水、防水性,但耐候性较差。(   )

5. 聚氯乙烯的突出优点之一是具有良好的自熄性。(   )

6. 所有聚合物随温度变化均呈现玻璃态、高弹态和黏流态。(   )

7. 高分子建筑材料的强度不是很高,但其比强度高。远远超过传统建筑材料。(   )

8. 聚乙烯很易燃烧,燃烧时有石蜡气味,火焰呈淡蓝色并且熔融滴落,这会导致火焰的蔓延。(   )

9. 有机玻璃与玻璃钢属于同一类高分子聚合物。(   )

10. 聚合物力学性能的最大特点是高弹性和黏弹性。(   )

是非题答案

1. T 2. F 3. T 4. F 5. T 6. F 7. F 8. T 9. F 10. T

第十章

沥青与沥青混合料

重点知识提要

沥青是一种有机胶结材料。是由一些极其复杂的高分子碳氢化合物与氧、硫、氮等非金属衍生物所组成。在常温下沥青呈褐色或黑褐色的固态、半固态或黏稠液体。

沥青是憎水性材料，几乎完全不溶解于水，与矿物质材料由较强的黏结力。同时不导电、耐腐蚀，具有良好的黏结性和抗冲击性等一系列优点，并有热软、冷硬的特性。

沥青作为有机胶凝材料主要用于道路工程；作为防水、防潮和防腐材料用于建筑工程。

第一节 石油沥青

一、概述

沥青材料按其获得方式有地沥青（天然沥青、石油沥青）和焦油沥青。

天然沥青是石油在自然条件下，长时间在各种自然因素的作用下，经过轻质油分蒸发、氧化和缩聚，最后形成的天然产物。焦油沥青为各种有机物（如煤、泥炭、木材等）经干馏加工得到的焦油，通过再加工获得的产品，如煤焦油沥青（简称煤沥青）、木沥青、页岩沥青等。

二、石油沥青的组分与结构

石油沥青是由多种碳氢化合物及其非金属衍生物组成的混合物。常常利用溶剂分解法，将化学特性类同的化合物提取出来，沥青的化学组分分析就是将沥青分离为化学性质相近，而且与其工程性能有一定联系的几个化学成分组，这些组就称为组分。沥青可分为沥青质、胶质（也称树脂）、芳香分和饱和分（也有将它们合称为油分）。

1. 石油沥青的组分

（1）沥青质

沥青质含量一般为 5％～25％，是无定形深棕色至黑色固体。随着沥青质含量的增加，沥青的黏结力、黏度增加，温度稳定性、硬度提高。

（2）胶质

胶质也称为树脂，含量一般为 15％～30％，为综色黏稠液体，有很强的极性。这一突出的特性使胶质有很好的黏结力。胶质赋予沥青以可塑性、流动性和黏结性，对沥青的延性、黏结力有很大的影响。

（3）芳香分

芳香分由沥青中最低分子量的环烷芳香化合物组成，是胶溶沥青的分散介质。

（4）饱和分

饱和分由直链烃和支链烃所组成，是一种非极性稠状油类，对温度较为敏感。

芳香分和饱和分都为油分，在沥青中起着润滑和柔软作用。油分含量愈多，沥青的软化点愈低，针入度愈大，稠度降低。

此外，蜡是石油沥青的有害成分，它的熔点低（约 50℃）、黏结力差，会降低石油沥青的黏结力、塑性和温度稳定性。

2. 沥青的胶体结构

沥青中油分与地沥青二者亲和力差，是靠胶质将二者联系起来，形成以沥青质为核心，外围被胶质浸润包裹形成胶团，无数胶团分散在溶有胶质的油分中，形成稳定的胶体。

沥青胶体有 3 种不同的结构类型，它取决于沥青中各组分的相对含量。当胶体结构中的沥青质较少，油分和胶质足够多时，则沥青质形成的胶团全部分散，胶团能在分散介质中自由运动，形成溶胶型结构；当沥青中沥青质含量很多，并有相应数量的胶质时，胶团互相接触而形成空间网络骨架结构，胶团移动比较困难，形成凝胶结构；介于上述二者之间的称为溶—凝胶型结构。

第二节　石油沥青的技术性质和要求

一、石油沥青的主要技术性质

1. 黏滞性

石油沥青的黏滞性（简称黏性）是指沥青材料在外力作用下抵抗变形的性能。沥青质含量高时，黏性较大；温度升高，则黏性下降。黏性大，说明沥青与其他材料的黏附力强，本身结构紧密，硬度大。

黏性一般用针入度来表示，其数值越小，表明黏度越大。针入度是在 25℃时，重 100g 的标准针，经 5s 沉入沥青试样中的深度，每深 1/10mm，定为 1 度。

2. 塑性

塑性是指在外力作用下沥青产生变形而不破坏的能力。沥青的塑性用延度表示。延度越大，塑性越好。延度是将 8 字形沥青试样，在 25℃水中，以每分钟 5cm 的速度拉伸至试件断裂时的伸长值，以 cm 为单位。

3. 温度稳定性

温度稳定性（温度感应性）是指石油沥青的黏滞性和塑性随温度变化而改变程度的性能。温度稳定性用软化点表示，它是沥青受热由固态转变为具有一定流动态时的温度。

以上所论及的针入度、延度、软化点是评价黏稠石油沥青路用性能最常用的经验指标，也是划分沥青牌号的主要依据,所以通称沥青的"三大指标"。此外,还有溶解度、蒸发损失、蒸发后针入度比、含蜡量、闪点和水分等,这些都是全面评价石油沥青性能的依据。

二、石油沥青的技术要求

石油沥青的牌号是根据针入度、延度、软化点来划分的,并以针入度来表示。牌号越大,则针入度越大(越软),延度越大(塑性越好),软化点越低(耐热性越差)。有关技术要求详见教材。

根据用途,石油沥青可划分为:道路沥青、建筑沥青、普通沥青等。道路石油沥青具有黏性较小、塑性好等特点,故道路石油沥青牌号较高。建筑石油沥青具有黏性较大、耐热性较好和塑性较小等特点,因此建筑石油沥青牌号较低,只有 10 号、30 号和 40 号。普通石油沥青含蜡量高,因而性能较差,不宜用于土木工程。

三、石油沥青的选用

在道路工程中选用沥青材料时,应考虑道路所在地区的气候条件、交通量等。在气温常年较高的南方地区,主要考虑路面热稳定性,宜采用针入度较小、黏度较高的沥青,如 50 号道路石油沥青;对于交通量较大的道路也同样如此。对于北方严寒地区,为防止和减少路面开裂,面层宜采用针入度较大的沥青,如 110 号道路石油沥青。

建筑石油沥青主要应用于屋面及地下防水、沟槽防水防腐蚀及管道防腐等工程。用作屋面防水材料时,主要考虑耐热性要求,可选用 10 号、30 号和 40 号建筑石油沥青。

对于用作嵌缝的沥青材料,应有较好的塑性,可选用 60 号、100 号道路石油沥青。

四、石油沥青的改性

为改善沥青低温脆性和高温流淌的缺点,常在沥青中加入橡胶、树脂、纤维等以改善沥青的性能。常用的改性石油沥青有如下一些:

(1)橡胶类改性沥青

采用苯乙烯-丁二烯-苯乙烯的嵌段共聚物(即 SBS)改性的石油沥青可使沥青低温变形能力提高,韧性增大,高温黏度增大。

(2)树脂类改性沥青

主要有聚乙烯(PE)、聚丙烯(PP)、聚氯乙烯等热塑性树脂改性。聚乙烯和聚丙烯改性沥青可提高沥青的黏度,改善高温稳定性,增加韧性。

(3)纤维类改性沥青

主要有石棉、聚丙烯纤维、聚脂纤维、纤维素纤维等。纤维可显著提高沥青的高温稳定性、增加低温抗拉强度。

第三节 沥青混合料

一、沥青混合料的种类

沥青混合料是用适量的沥青材料与一定级配的矿质集料,经过充分拌和而形成的混合

物。将这种混合物加以摊铺、碾压成型,即成为各种类型的沥青路面。沥青混合料的分类有如下几种:

(1)按矿质集料级配类型,可分为连续级配沥青混合料、间断级配沥青混合料。

(2)按沥青混合料施工温度,可分为热拌沥青混合料和常温沥青混合料。

按沥青混合料中剩余空隙率大小的不同,把压实后剩余空隙率大于15%的沥青混合料称为开式沥青混合料;把剩余空隙率为10%～15%的混合料称为半开式沥青混合料;而把剩余空隙率小于10%的沥青混合料称为密实式沥青混合料。

二、热拌沥青混合料的结构与强度

1. 沥青混合料的组成结构

沥青混合料主要由矿质集料、沥青和空气三相组成,有时还含有水分,是典型的多相多成分体系。根据粗、细集料的比例不同,其结构组成有3种形式,如图10-1所示。

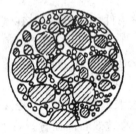 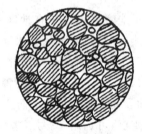 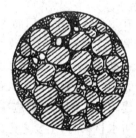

(a) 悬浮密实结构　　　　(b) 骨架空隙结构　　　　(c) 骨架密实结构

图 10-1　沥青混合料的组成结构

悬浮密实结构的沥青混合料为连续级配的密实式混合料,空隙率在5%～6%以下。由于这种级配中粗集料相对较少,细集料的数量较多,粗集料被细集料挤开。因此,粗集料以悬浮状态存在于细集料之间。

间断级配的沥青混合料,由于细集料的数量较少,且有较多的空隙,粗集料能够互相靠拢,不被细集料所推开,细集料填充在粗集料的空隙之中,形成骨架空隙结构。

骨架密实结构是综合以上两种方式组成的结构。混合料中既有一定数量的粗集料形成骨架结构,又有足够的细集料填充到粗集料之间的空隙中去,形成具有较高密实度的结构。

2. 沥青混合料强度的影响因素

强度由沥青与集料间的结合力和集料颗粒间的内摩擦力两方面构成,影响因素有:

(1)集料的性状与级配

集料表面粗糙、多棱角、粒型厚实、间断级配,则内摩擦力大、集料不易破碎,混合料强度高。

(2)沥青的黏度与用量

所用沥青的黏度越大,则混合料抵抗剪切变形的能力越大。而沥青用量以能能充分包裹集料,使集料间相互形成良好的粘结,同时混合料具有有较好的和易性。但沥青用量过大,集料间摩擦阻力减低,混合料易出现塑性变形。因此,混合料存在一个最佳沥青用量。

(3)矿粉(即矿物质粉料)的品种与用量

碱性矿粉能与沥青形成较强的黏结。适当提高矿粉掺量,可提高沥青混合料的强度。

矿粉与沥青之比以 0.8~1.2 为宜。

三、沥青混合料的技术性质

1. 高温稳定性

高温稳定性是指沥青混合料在高温情况下,承受外力的不断作用,抵抗永久变形的能力。通过采用高黏性沥青或改性沥青,适当控制沥青含量,选用粒型厚实、多棱角的集料,增加粗集料的用量,可改善混合料的高温稳定性。

2. 低温抗裂性

低温抗裂性是沥青混合料在低温下抵抗断裂破坏的能力。采用黏度较低的沥青或采用橡胶改性的沥青,适当增加沥青用量,可改善沥青混合料的低温柔韧性。

3. 耐久性

耐久性是指沥青混合料在气候、车辆荷载等长期作用下,仍能基本保持原有性能的能力。选用优质沥青、碱性坚硬的集料,适当增加沥青用量和混合料压实度,可改善耐久性。

4. 抗滑性

抗滑性对高速行驶的车辆显得至关重要。太滑的路面容易导致刹车不灵。选用粒径较大、坚硬、有棱角的集料,并适当减少沥青用量,可增大路面的粗糙度,提高抗滑性。

5. 水稳定性

水稳定性差的沥青路面在雨水、冰雪的作用下,尤其是在雨季过后,沥青路面往往会出现脱粒、松散,进而形成坑洞而损坏。添加抗剥落剂、使用碱性集料,采用密实结构,用消石灰粉取代部分矿粉,都可有效提高沥青混合料的水稳定性。

6. 施工和易性

沥青混合料和易性好,才能顺利施工作业。施工和易性取决于矿料级配、沥青用量。

第四节　热拌沥青混合料的配合比设计

沥青混合料配合比设计的任务是确定粗集料、细集料、矿粉和沥青等材料相互配合的最佳组成比例,使沥青混合料的各项指标既达到工程要求,又符合经济性原则。

热拌沥青混合料的配合比设计包括目标配合比设计、生产配合比设计和生产配合比验证 3 个阶段。

目标配合比设计分矿质混合料组成设计和沥青最佳用量确定两大步骤。

在目标配合比确定之后,应进行生产配合比设计。取目标配合比设计估计沥青用量为中值,按 0.5% 间隔上下变化,取 5 个不同的沥青用量,拌和均匀,制成马歇尔试件进行马歇尔试验,确定生产配合比的最佳沥青用量,供试拌试铺使用。

生产配合比确定后,还需要铺试验路段,并用拌和的沥青混合料进行马歇尔试验,同时钻取芯样,以检验生产配合比,如符合标准要求,则整个配合比设计完成,由此确定生产用的标准配合比;否则,还需要进行调整。

习题与解答

一、名词解释

1. 天然沥青　**2.** 石油沥青　**3.** 焦油沥青　**4.** 石油沥青四组分　**5.** 溶胶结构　**6.** 凝胶结构　**7.** 溶-凝胶结构　**8.** 沥青的黏滞性　**9.** 针入度　**10.** 沥青的塑性　**11.** 延度　**12.** 温度稳定性　**13.** 软化点　**14.** 沥青老化　**15.** 沥青混合料

名词解释答案

1. 天然沥青:石油长时间在各种自然因素的作用下,经过轻质油分蒸发、氧化和缩聚,最后形成的天然产物。

2. 石油沥青:石油沥青是用石油原油作为原料,经过炼油厂蒸馏提取出汽油、煤油、柴油、重柴油、润滑油等原料后得到慢凝液体沥青。可以采用不同的工艺得到所需的黏稠沥青。

3. 焦油沥青:为各种有机物(如煤、泥炭等)经干馏加工得到的副产品。

4. 石油沥青四组分:四组分是将沥青分为沥青质、饱和分、芳香分和胶质四种组分。我国目前在公路工程中广泛采用的是四组分分析法。

5. 溶胶结构:当胶体结构中的沥青质较少,芳香分、饱和分和胶质足够多时,则沥青质形成的胶团全部分散,胶团能在分散介质中自由运动,形成溶胶型结构。

6. 凝胶结构:当沥青中沥青质含量很多,并有相应数量的胶质,胶团互相接触而形成空间网络骨架结构,胶团移动比较困难。

7. 溶-凝胶结构:介于溶胶结构和凝胶结构二者之间的称为溶-凝胶型结构。沥青中沥青质含量适当,并有较多的胶质作为保护物质,它所组成的胶团之间有一定的吸引力。

8. 沥青的黏滞性:石油沥青的黏滞性(简称黏性)是指沥青材料在外力作用下,沥青粒子产生相互位移时抵抗变形的性能,是反映材料内部阻碍其相对流动的一种特性,也是我国现行标准划分沥青标号的主要性能指标。

9. 针入度:针入度是在温度为25℃时,以附重100g的标准针,经5s沉入沥青试样中的深度,每深1/10mm,定为1度。

10. 沥青的塑性:塑性是指石油沥青在受外力作用时产生变形而不破坏,除去外力后,仍保持变形后形状的性质。它是石油沥青的主要性能之一。

11. 延度:延度是将沥青试样制成8字形标准试件,在规定温度的水中,以每分钟5cm的速度拉伸至试件断裂时的伸长值,以cm为单位。

12. 温度稳定性:温度稳定性(也称温度感应性)是指石油沥青的黏滞性和塑性随温度升降而变化的性能,是沥青的又一重要指标。

13. 软化点:软化点为沥青受热由固态转变为具有一定流动态时的温度。

14. 沥青老化:沥青经若干年后,性质变得脆硬易于开裂的现象。

15. 沥青混合料:沥青混合料是用适量的沥青材料与一定级配的矿物质集料经过充分拌和而形成的混合物。

二、问答题

1. 叙述石油沥青的三大技术指标。

答:石油沥青的主要技术性质有:

(1)黏滞性 一般采用针入度来表示石油沥青的黏滞性,其数值越小,表明黏度越大。

(2)塑性 石油沥青的塑性用延度表示。延度越大,塑性越好。

(3)温度稳定性 通常用软化点来表示石油沥青的温度稳定性。软化点越高,表明沥青的耐热性越好,即温度稳定性越好。

2. 石油沥青的四组分或三组分是什么? 试述它们的存在形式。

答:石油沥青的四大组分是沥青质、胶质、芳香分和饱和分,其中,芳香分和饱和分都是油分,因此也可将组分分成沥青质、胶质和油分三大组。沥青质是无定形物质,又称之为沥青烯,H/C 原子比例约为 1.16~1.28。沥青质在沥青中的含量一般为 5%~25%。胶质也称为树脂或极性芳烃,具有很强的极性,在沥青中含量为 15%~30%,H/C 原子比为 1.30~0.47。芳香分由沥青中最低分子量的环烷芳香化合物组成,是胶溶沥青的分散介质。芳香分在沥青中占 40%~65%,H/C 原子比为 1.56~1.67。饱和分由直链烃和支链烃所组成,是一种非极性稠状油类,H/C 原子比在 2 左右,在沥青中占 5%~20%。

3. 石油沥青为何会发生老化? 老化的结果怎样?

答:沥青在热、阳光、氧气和潮湿等因素长期作用下,石油沥青中低分子量组分会向高分子量组分转化。

由于胶质向沥青质转变的速度更快,使低分子量组分减少,地沥青质微粒表面膜层减薄,沥青的流动性和塑性降低,黏性增大,脆性增加,在外界作用下沥青防水层容易开裂破坏。

由于沥青老化的进程是由低分子向高分子转化,因此,油分和树脂含量较高的沥青(标号较大),抗老化性能较好。

4. 石油沥青的大气稳定性可用什么方法来测定? 用什么指标来表示?

答:石油沥青的大气稳定性测定方法如下:先测定沥青试样的质量及其针入度,然后将试样置于烘箱中,在 163℃下加热蒸发 5h,待冷却后再测定其质量及针入度。计算出蒸发质量损失占原质量的质量百分数,称为蒸发损失百分率;测得蒸发后针入度占原针入度的百分数,成为蒸发后针入度比。蒸发损失率越小和蒸发后针入度比越大,则表示沥青的大气稳定性越好,即"老化"越慢。

沥青的大气稳定性以加热蒸发损失百分率和蒸发后针入度比来评定。

5. 石油沥青中为何要限制水分?

答:限制水分含量的目的在于避免水分过多,否则加热脱水会产生大量泡沫,以致引起溢锅起火事故。

6. 怎样划分石油沥青的牌号? 牌号大小与沥青主要性质间的关系如何?

答:石油沥青的牌号是以针入度大小来划分等级的,每个牌号还应保证相应的延度和软化点、加热蒸发损失百分率、蒸发后针入度和闪点等。

牌号由小到大,沥青性质表现为黏性逐渐降低,塑性增大,温度敏感性增大。牌号越高,软化点越低,沥青的软化点不能太低,不然夏季易融化发软。

7. 在建筑屋面防水施工中,选用沥青的原则是什么? 在屋面防水和地下防潮、防水工程

中,常用哪几种牌号的石油沥青?

答:建筑工程中选用石油沥青的原则是根据工程特点、使用部位及环境条件的要求,对照石油沥青的技术性能指标,在满足主要性能要求的前提下,尽量选较大标号的石油沥青。以保证石油沥青有较长的使用年限。

对于屋面沥青防水层,根据沥青的黏性、温度敏感性核大气稳定性来选择。以使沥青与屋面基层牢固黏结、适应太阳直射和蓄热的温度作用,以及在直接暴露大气中的有较好的抗老化能力。在选择沥青软化点时,要注意屋面的蓄热性,即软化点要高于当地历年来屋面的最高温度 20℃ 以上,经常使用的是 10 号沥青、30 号沥青和 40 号沥青。例如,武汉夏季屋面最高温度约 68℃,所以应选 10 号沥青。

地下防潮防水工程,要求沥青黏性较大,塑性较大,使用中沥青能与基层牢固黏结,并能适应建筑物的各种变形,保证防水层完整。地下防潮防水工程,由于不受高温影响,通常可以选用牌号稍大的沥青,如 40 号或 60 号沥青。

8. 如何区别煤沥青和石油沥青?

答:石油沥青和煤沥青尽管都为沥青,由于来源不同 g/m^3,它们在许多指标上呈现差异。具体如下:

(1) 测量密度 石油沥青较轻,密度接近 $1 g/m^3$,而煤沥青较重,密度超过 $1 g/m^3$。

(2) 用锤敲击 石油沥青声音哑,感觉有弹性、韧性;煤沥青声音脆,韧性差。

(3) 用燃烧法 石油沥青燃烧时烟无色,基本无刺激性臭味;煤沥青烟黄色,有刺激性臭味。

三、填空题

1. 石油沥青胶体结构可分为 _____ 结构、_____ 结构和 _____ 结构三种。道路石油沥青中的大多数属 _____ 结构。

2. 石油沥青的三大技术指标是 _____、_____ 和 _____。石油沥青的牌号是以其中的 _____ 指标来划分的。

3. 石油沥青的温度稳定性是指沥青的 _____ 性和 _____ 性随温度变化而改变的性能,当温度升高时,沥青的 _____ 性增大,_____ 性减小,当温度降低时 _____ 性增大,_____ 性减小。

4. 石油沥青随着标号降低,其粘性 _____,塑性 _____,温度稳定性 _____。

5. 与 30 号石油沥青相比,10 号石油沥青的粘滞性 _____,软化点 _____,塑性 _____。

6. 沥青在工程中的主要用途是:_____、_____ 和 _____。

7. 沥青混合料的路用性能主要有 _____、_____、_____、_____ 及 _____ 等。

8. 影响沥青混合料耐久性的主要因素有 _____、_____ 及 _____ 等。

9. 某 30 号石油沥青的检测结果是:针入度为 35(1/10mm),延度为 8(cm),软化点为 80℃,则此沥青 _____。

10. 为改善沥青的低温脆性和高温流淌性,常在沥青中掺入 _____、

_____及_____等进行改性。

填空题答案

1. 溶胶,溶-凝胶,凝胶,溶-凝胶   2. 针入度,延度,软化点,针入度   3. 黏滞,塑性,塑性,黏滞,黏滞,塑性   4. 增大,下降,变好   5. 大,高,差   6. 防水,防腐,配制沥青混凝土
7. 高温稳定性,低温抗裂性,耐久性,抗滑性,水稳定性,施工和易性   8. 沥青与集料的性质,沥青的用量,沥青混合料的压实度与空隙率   9. 合格   10. 橡胶,树脂,纤维

四、选择题

1. _____结构的沥青混合料,由于各级粒料都有,且粗粒料较少而不接触,不能形成骨架作用,因而稳定性较差。但连续级配一般不会发生粗细粒料离析,便于施工,故在道路工程中应用较多。

   A. 悬浮密实;   B. 骨架空隙;   C. 骨架密实。

2. _____沥青,在高温时有较好的稳定性,在低温时又有较好的变形能力。

   A. 溶胶型;   B. 凝胶型;   C. 溶-凝胶型。

3. _____赋予沥青以可塑性、流动性和黏结性。

   A. 沥青质;   B. 胶质;   C. 芳香分;   D. 饱和分。

4. 为避免夏季流淌,屋面用沥青的软化点应比当地屋面最高温度高_____℃以上。

   A. 5;   B. 10;   C. 20;   D. 30。

5. 广州、武汉等我国炎热地区城市屋面的防水工程宜采用_____号石油沥青。

   A. 10;   B. 60;   C. 100。

6. 石油沥青软化点指标反映了沥青的_____。

   A. 黏滞性;   B. 温度敏感性;   C. 强度;   D. 耐久性。

7. 在进行沥青延度、针入度试验时,要严格保持_____恒定。

   A. 室内温度;   B. 试件所处水的温度;
   C. 试件重量;   D. 试件的养护条件。

8. 配制快凝液体沥青时,应采用_____作为稀释剂。

   A. 煤油;   B. 重油;   C. 水;   D. 汽油。

9. 配制乳化沥青需要加入_____。

   A. 有机溶剂;   B. 乳化剂;   C. 塑化剂。

10. 建筑石油沥青不宜用于_____工程。

    A. 道路;   B. 保温;   C. 普通。

11. 一般来说,_____矿粉能与石油沥青产生较强的吸附力。

    A. 酸性;   B. 中性;   C. 碱性。

12. 下列几种矿物粉料中,_____适合做沥青的矿物填充料。

    A. 石灰石粉;   B. 石英砂粉;   C. 石棉粉;   D. 滑石粉。

选择题答案

1. A   2. C   3. B   4. C   5. A   6. B   7. B   8. D   9. B   10. C   11. C   12. A

五、是非题(正确的写"T",错误的写"F")

1. 石油沥青中沥青质含量较少时,则其针入度值较小,沥青的黏度较大。（　　）

2. 石油沥青中的主要组分是饱和分、芳香分、胶质和沥青质。（　　）

3. 软化点高的沥青,其抗老化较好。（　　）

4. 石油沥青的软化点越高,说明该沥青的温度稳定性越差。（　　）

5. 沥青质是决定石油沥青耐热性的重要组分,其含量越多,则沥青的软化点越小。（　　）

6. 石油沥青的塑性是用针入度指标来表示的,针入度值的单位是"mm"。（　　）

7. 当温度在一定范围内升降,石油沥青的黏性和塑性变化程度不大时,则温度稳定性好。（　　）

8. 在同一品种石油沥青材料中,标号越小,沥青越软;随着标号的增加,沥青的黏性增加,塑性增加,而温度敏感性减小。（　　）

9. 道路石油沥青主要特点是塑性好、黏度低,而建筑石油沥青的特点是粘度大、耐热性好、弹性大。（　　）

10. 将石油沥青加热到163℃,经5 h后,若质量损失和针入度比均小时,表示该沥青老化较慢。（　　）

11. 100号石油沥青与10号石油沥青相比,前者组分中的沥青质较少,油分含量较多,故粘性小。（　　）

12. 对于屋面防水,要求沥青软化点要高于当地最高气温20℃以上。（　　）

13. 地下室某部位需用沥青涂料,现有10号和60号两种沥青,以选用60号沥青为宜。（　　）

14. 骨架空隙结构是连续级配的沥青混合料。（　　）

是非题答案
1. F　**2.** T　**3.** F　**4.** F　**5.** F　**6.** F　**7.** T　**8.** F　**9.** T　**10.** F　**11.** T　**12.** F　**13.** T　**14.** F

六、计算题

某地屋面统计最高温度为58℃,现有软化点分别为48℃和100℃的两种石油沥青供选用,请问如何选?

解:软化点为48℃的沥青不能直接使用,软化点为100℃的沥青虽能直接使用,但塑性和耐久性较差,最好的方法是将两种沥青进行掺配后使用。沥青软化点应比当地屋面最高温度至少高20℃,设掺配后沥青的软化点为80℃,则 $T_1 = 48℃$, $T_2 = 100℃$, $T = 78℃$。

软化点为48℃沥青的用量:

$$Q_1 = \frac{T_2 - T}{T_2 - T_1} \times 100\% = \frac{100 - 78}{100 - 48} \times 100\% = 42.3\%$$

软化点为100℃沥青的用量:

$$Q_2 = 100\% - Q_1 = 57.7\%$$

第十一章 建筑功能材料

重点知识提要

第一节 防水材料

一、概述

建筑物具有防水功能是人们对其主要使用功能要求之一,防水材料是实现这一功能要求的物质基础。防水材料通过材料自身密实性达到防水效果,绝大多数防水材料具有憎水特性,在使用条件下(应力和环境)不产生裂缝,即使结构或基层受力变形或开裂时,也都能保持其防水功能。防水材料分成以下 5 类:①防水卷材;②防水涂料;③密封材料;④防水混凝土和防水砂浆;⑤堵漏材料。

二、防水卷材

防水卷材是成卷供应的防水材料,适用于平整基层的防水处理。

1. 沥青防水卷材

凡用原纸、纤维布等为胎基,浸渍石油沥青,表面撒布隔离材料而制成的片状防水材料,称为浸渍卷材。常用品种有石油沥青纸胎油毡、石油沥青玻璃布油毡等。石油沥青油毡的价廉,防水性良好,但其延伸率小、低温柔性差、温度敏感性强、耐候性差。

2. 高聚物改性沥青防水卷材

由于沥青防水卷材的延性差,很难适应基层的伸缩变形的需求。采用高分子聚合物掺入石油沥青中,可以对传统的石油沥青进行改性。使石油沥青防水卷材具有高温不流淌,低温不脆裂、拉伸强度较高、延伸较大等优异性能。目前,常用的品种有弹性 SBS(苯乙烯-丁二烯嵌段共聚物)改性沥青防水卷材、塑性 APP(无规聚丙烯)改性沥青防水卷材。

3. 合成高分子防水卷材

高分子防水卷材则是以合成橡胶、合成树脂或二者的共混体替代石油沥青,同时加入适量的助剂和填充料等,经过一定工序制成的防水卷材。

合成高分子防水卷材具有拉伸强度高、断裂伸长率大、抗撕裂强度高、耐热性能好、低温柔性好、耐腐蚀、耐老化及可以冷施工等一系列优异性能,常用品种有聚氯乙烯(PVC)防水卷材、三元乙丙橡胶防水卷材、氯化聚乙烯-橡胶共混防水卷材等。

三、防水涂料

防水涂料常温下为呈黏稠液状态,将其涂布在基层表面,经溶剂或水分挥发,或各组分间的化学反应,可形成具有一定弹性的连续薄膜,起到防水和防潮作用。

防水涂料按成膜物质的成分可分为:沥青防水涂料、聚合物改性沥青防水涂料、合成高分子防水涂料。如按涂料的介质不同,又可分为溶剂型、乳液型和反应型。

常用防水涂料有如下几种:

1. 石棉乳化沥青涂料

以石油沥青为基料,加入适量的石棉为分散剂,强制搅拌下制成的厚质防水涂料。其耐水性、耐候性、稳定性都优于一般采用化学分散剂制成的乳化沥青涂料。

2. 乳液型氯丁橡胶沥青防水涂料

将氯丁橡胶溶于甲苯等有机溶剂中,再与石油沥青乳液相混合,稳定分散在水中而制成的一种乳液型防水涂料。

乳液型氯丁橡胶青防水涂料成膜快、强度高、耐候性好、抗裂性好,有难燃、无毒等特点。

3. 聚氨酯防水涂料

聚氨酯防水涂料属双组反应型涂料。甲组分是含有异氰酸基的预聚体,乙组分是含有多羟基的固化剂与增塑剂、填充料、稀释剂等,甲、乙两组分混合后,经固化反应,即形成均匀、富有弹性的防水涂膜。聚氨酯防水涂料属双组反应型涂料。靠组分间化学反应直接由液态变为固态,涂料几乎不产生体积收缩,易形成较厚的涂膜。它还具有优异的耐候、耐油、抗撕裂等性能。

四、建筑密封材料

建筑密封材料是使建筑上的各种接缝或裂缝、变形缝(沉降缝、伸缩缝、抗震缝)保持水密、气密性能,并具有一定强度、能连接构件的填充材料。

建筑密封材料应具备以下特性:①良好的黏结性、抗下垂性、不渗水、透气性,易于施工;②有一定弹塑性;③良好的耐热、耐老化性能。

建筑密封材料的选用应考虑:密封材料的性质、接缝的性质和环境条件。室外接缝要求材料的耐候性好,伸缩缝要求材料的弹性和黏结性好。

目前常用建筑密封材料有:

1. 嵌缝油膏

嵌缝油膏是一种胶泥状物质,具有很好的黏结性和延伸性,用来密封建筑物中各种接缝。传统的嵌缝油膏是油性沥青基的,属于塑性油膏,弹性较差。用高分子材料制得的油膏则为弹性油膏,延伸大,耐低温性能突出。

2. 嵌缝条

嵌缝条是采用塑料或橡胶经挤出成型制成的一类软质带状制品,所用材料有软质聚氯乙烯、氯丁橡胶、EPDM、丁苯橡胶等,嵌缝条被用来密封伸缩缝和施工缝。

第二节　绝 热 材 料

一、绝热材料的绝热机理

导热系数反映了材料传导热量的能力。导热系数愈小,表示其导热性愈差、绝热性愈好。绝热材料的绝热机理在下述 3 种类型材料中分述如下:

1. 多孔型

当热量从材料高温面向低温面传递时,遇到气孔后,固相导热的方向发生变化,传热路线增大,使传热速度减缓。由于空气的导热系数很小,且常温下对流和辐射传热的量更小,所以热量通过气孔传递的阻力较大,从而传热速度大大减缓。

2. 纤维型

与多孔材料类似。顺纤维方向的传热量大于垂直于纤维方向的传热量。

3. 反射型

反射型为具有反射性的材料,由于大量热辐射在表面被反射掉而通过材料的热量大大减少,从而达到了绝热目的。反射率越大,则绝热性越好。

二、绝热材料的性能

1. 导热系数

导热系数是通过材料本身热量传导能力大小的量度,它受本身物质构成、孔隙率、材料所处环境的温、湿度及热流方向的影响。影响因素见表 11 - 1。绝热材料的导热系数应小于 $0.23W/(m \cdot k)$。

表 11 - 1　　　　　　　　　导热系数的影响因素

影响因素	物质构成	孔隙构造	湿　度	温　度	热流方向
影响结果	导热系数金属的＞无机非金属的＞有机材料的	孔隙率大,孔径细,孔封闭,导热系数低	湿度上升,导热系数增加	温度上升,导热系数增大	顺纤维排列方向导热系数高于垂直纤维方向

2. 其他基本性能

(1)强度

应有一定的抗压强度($\geqslant 0.3$MPa),在运输、安装和使用过程中不致损坏。

(2)表观密度

表观密度与导热系数有密切关系,通常要求小于 600kg/m^3。

(3)温度稳定性

在通常使用温度范围内(-40℃～60℃),保持绝热性和尺寸稳定性。

(4)吸湿性

吸湿会降低绝热性,所以吸湿性应低。吸湿性大时,应隔汽层或防水层。

除此以外,还要根据工程的特点,考虑材料的防火性、耐蚀性以及经济指标。

三、常用绝热材料及其性能

常用绝热材料有膨胀珍珠岩、微孔硅酸钙、矿物棉、泡沫塑料、中空玻璃、吸热玻璃等。

第三节　吸声隔声材料

一、吸声材料概述

声音起源于物体的振动。声源的振动迫使邻近的空气跟着振动而形成声波，并向四周传播。当声波遇到材料表面时，被吸收声能(E)与入射声能(E_0)之比，称为吸声系数 α。吸声系数越高，则吸声性能越好。

材料的吸声性能与声波的方向、频率有关。为了全面反映材料的吸声特性，通常以无规入射方式测量多个频率的吸声系数来表示材料的吸声特性。将 100～5KHz 的吸声系数取平均得到的数值即为平均吸声系数，平均吸声系数反映了材料总体的吸声性能。

在工程中常使用降噪系数 NRC 粗略地评价在语言频率范围内的吸声性能，这一数值是材料在 250，500，1K 和 2K 4 个频率的吸声系数的算术平均值，四舍五入取整到 0.05。NRC 大于等 0.2 的材料才被认为是吸声材料。吸声材料的吸声性能按降噪系数分为 4 级，如表 11-2 所示。

表 11-2　　　　　　　　　　吸声性能分级表

吸声等级	Ⅰ	Ⅱ	Ⅲ	Ⅳ
降噪系数，NRC	NRC≥0.8	0.80＞NRC≥0.60	0.60＞NRC≥0.40	0.40＞NRC≥0.20

二、吸声材料的类型及其结构形式

吸声材料有如下几种主要类型：

1. 多孔吸声材料

有多孔吸声材料大量内外连通的微孔。声波顺着微孔进入材料内部，引起孔内空气振动，由于摩擦、空气黏滞阻力，使声能转化为热能而被吸收。材料孔隙率高，孔隙细小连通，吸声较好。材料厚度及背后空气层增加，吸声效果提高。孔隙堵塞，则吸声变差。

2. 薄板振动吸声结构

将薄板的周边固定在墙龙骨上，背后留有空气层。在声波作用下板发生振动，由于板内部和龙骨间出现摩擦损耗，使声能转变为机械振动，消耗声能。

3. 共振吸声结构

具有封闭的空腔和较小的开口。在其共振频率附近，由于颈部空气分子在声波的作用下像活塞一样进行往复运动，因摩擦而消耗声能。

4. 穿孔板组合共振吸声结构

是将穿孔薄板的周边固定在龙骨上，并在背后设置空气层而构成，可看作是多个单独共振器并联而成。这种吸声结构在建筑中使用比较普遍。

5. 柔性吸声材料

具有密闭气孔和一定的弹性,声波引起材料产生相应的产生振动,由于克服材料内部的摩擦而消耗了声能,引起声波衰减。

6. 悬挂于空间的吸声体

由于声波与吸声材料的两个或两个以上的表面接触,增加了有效的吸声面积,产生边缘效应,加上声波的衍射作用,大大提高了实际的吸声效果。

7. 帘幕吸声体

是具有通气性能的纺织品,安装在离墙面一定距离处,背后设置空气层。

三、隔声材料

建筑上将主要起到隔绝声音作用的材料称为隔声材料。隔声材料按声音传播的途径可分为隔绝空气声(通过空气传播的声音)和隔绝固体声(通过撞击或振动传播的声音)。

材料的表观密度越大,质量越大,隔声性越好,因为隔绝空气声主要服从质量定律。因此,应选用密实的材料作为隔声材料,如混凝土墙、砖墙等。

隔绝固体声最有效的措施是采用不连续的结构处理,即在墙壁和承重梁之间、房屋的框架和墙板之间加弹性衬垫,如毛毡、软木、橡皮等材料或在楼板上加弹性地毯。

第四节　建筑装饰材料

建筑装饰材料通常按装饰部位分为外墙装饰材料、内墙装饰材料、地面装饰材料、顶棚装饰材料。

还可将建筑装饰材料分为无机非金属材料、金属材料、有机高分子材料以及复合材料四大类。

第五节　防火涂料

一、材料防火的概念

关于防火,要求材料考虑:①料在高温下的物理力学性能;②材料的导热性能;③材料的燃烧性能;④材料的发烟性能;⑤材料的潜在毒性性能。

按标准《建筑材料及制品燃烧性能分级》(GB 8624—2006)将建筑材料按其燃烧性能分为 A1,A2,B,C,D,E 和 F 7 个等级。按国标《建筑设计防火规范》(GB 50016—2006),按其构件的燃烧性能和耐火极限分为 4 级。

二、高温下(火灾)钢筋混凝土的力学性能变化

混凝土是以水泥为胶凝材料,与砂、石、外加剂等加水拌合,经浇筑成型、水化硬化而成的一种多相复合材料。混凝土的破坏,实际上是微观结构破坏累积而成的宏观现象。当混凝土加热到一定温度时,水泥石受拉,骨料受压,由此加剧了内部裂缝的扩展,这也是强度降低的主要原因。因此,水泥用量愈大,水灰比愈大,强度降低愈剧烈。

高温状态下钢筋软化及内部金相结构发生变化,钢筋的强度随受火温度的升高而不断降低。对于热轧钢筋,当受火温度 $T{\leqslant}300℃$ 时抗拉强度和屈服强度降低不大,当 $T=600℃$ 左右时,钢筋的屈服强度只有原强度的 50%;对于预应力钢丝,当受火温度 $T>150℃$ 时,抗拉强度降低就很大,当受火温度 $T=450℃$ 时,抗拉强度只有 50%。

习 题 与 解 答

一、名词解释

1. 沥青防水卷材　2. 合成高分子防水卷材　3. 防水涂料　4. 建筑密封材料　5. 导热　6. 对流　7. 热辐射　8. 导热系数　9. 绝热材料　10. 吸声材料　11. 吸声系数　12. 吸热玻璃　13. 热反射玻璃　14. 建筑涂料　15. 防火涂料

名词解释答案

1. 沥青防水卷材:用各种沥青为基材,以原纸、纤维布等为胎基,表面施以隔离剂而制成的片状防水材料。

2. 合成高分子防水卷材:以合成橡胶、合成树脂或二者的共混体为基料,加入适量的助剂和填充料等,经过特定工序制成的防水卷材。

3. 防水涂料:主要以高分子合成材料为主体,常温下呈液态,经涂布后在结构物表面结成防水膜层。

4. 建筑密封材料:这是一类具有阻塞介质透过渗漏通道起到密封作用的材料,用于填封建筑物的接缝、门窗框四周,玻璃镶嵌及建筑裂缝等,具有水密、气密性作用的材料。并具有一定强度,能够连接构件的材料。

5. 导热:是指由于物体各部分直接接触的物质质点(分子、原子、自由原子)作热运动而引起的热能传递现象。

6. 对流:只存在于液体和气体中,较热的液体或气体因体积膨胀密度减小而上升,冷的液体或气体就补充过来,形成分子的循环流动,热量就从高温的地方靠分子的相对位移传向低温的地方。

7. 热辐射:是一种靠电磁来传递能量的过程,它与导热和对流有着本质的区别。这种传热方式,是靠能量形式之间的转化来完成的,即由热能转化为辐射能(指放热体)或相反地由辐射能转化为热能(指受热体)。

8. 导热系数:即在稳定传热条件下,当材料层单位厚度内的温差为 1℃ 时,在 1h 内通过 $1m^2$ 表面积的热量。

9. 绝热材料:建筑中,一般把导热系数 λ 值小于 $0.23W/(m\cdot K)$ 的材料叫做绝热材料。

10. 吸声材料:凡 6 个频率的平均吸声系数大于 0.2 的材料,可称为吸声材料。

11. 吸声系数:当声波遇到材料表面时,被吸收声能(E)与入射声能(E_0)之比,称为吸声系数 α。

12. 吸热玻璃:吸热玻璃能全部或部分地吸收热射线包括大部分红外能量。

13. 热反射玻璃：热反射玻璃也叫做镜面玻璃，因为它在迎光的一面具有镜子的特性，而在背光的一面又能像普通玻璃那样透明可视。

14. 建筑涂料：是指涂装于建筑物表面，如内、外墙面、顶棚、地面和门窗等，并能与基体材料很好黏结，形成完整而坚韧保护膜的一类物料。

15. 防火涂料：防火涂料是一类能降低可燃基材火焰传播速度或阻止热量向可燃物传递、进而推迟或消除基材的引燃过程或者推迟结构失稳或力学强度降低的涂料。即对可燃基材，防火涂料能推迟或消除可燃基材的引燃过程；对于不燃性基材，防火涂料能降低基材温度升高速率、推迟结构的失稳过程。

二、问答题

1. 为何要对石油沥青进行改性？

答：沥青防水卷材由于其温度稳定性差、延伸率小等特点，很难适应基层开裂及伸缩变形的要求。采用高聚物对传统的沥青防水卷材进行改性，则可以克服其不足，从而使改性防水材料具有高温不流淌、低温不脆裂、拉伸强度高、延伸较大等优异性能。主要有 APP 改性沥青防水卷材，SBS 橡胶改性沥青柔性油毡等。

2. 何谓绝热材料？工程上对绝热材料有哪些要求？

答：绝热材料是指导热系数 λ 值不大于 $0.23W/(m \cdot K)$ 的材料。

除了导热系数外，绝热材料还应该是轻质的，因为空气的导热系数相对固体材料是很低的，所以绝热材料都为多孔疏松的材料，其表观密度一般不大于 $600kg/m^3$；同时，绝热材料还要满足运输、施工中的基本强度要求；此外，还要求材料吸湿性要小，因为水的导热系数远远高于空气，绝热材料一旦吸潮，绝热性大下降。

3. 在使用绝热材料时为什么一定要注意防潮？

答：材料吸湿受潮后，其导热系数就会增大，这是由于当材料的孔隙中有了水分（包括水蒸气）后，则孔隙中蒸汽的扩散和水分子的热传导将起主要传热作用，而水的 λ 为 $0.58W/(m \cdot K)$，比空气的 $\lambda = 0.029W/(m \cdot K)$ 大 20 倍左右。故绝热材料在应用时必须注意防潮。

4. 为什么绝热材料具有孔隙率大、表观密度小、强度低三个基本特点？试举出几种工程中常用的绝热材料。

答：导热系数 λ 小于 $0.23W/(m \cdot K)$ 的材料称为绝热材料，而土木工程中大量采用的无机非金属材料的导热系数远大于此值，必须在材料中引入导热系数小的介质，才能获得所需的绝热功能。空气的导热系数很小，仅有 $0.023W/(m \cdot K)$，若在材料中引入含有空气的孔隙，降低材料的导热系数，其绝热性能就能大大增强。因此，常见的绝热材料中含有大量孔隙，而孔隙率的增大，必然导致表观密度小，强度低。

工程中常用的绝热材料主要有纤维状绝热材料，包括石棉及其制品、矿棉及其制品、玻璃棉及其制品和植物纤维复合板等；散粒状绝热材料，包括膨胀蛭石及其制品、膨胀珍珠岩及其制品；多孔性绝热材料，包括微孔硅酸钙制品、泡沫玻璃、多孔混凝土和轻骨料混凝土、泡沫塑料；其他绝热材料，软木板、蜂窝板等。

5. 请叙述多孔吸声材料的吸声机理。

答：多孔性吸声材料是比较常用的一种吸声材料，它具有良好的中、高频吸声性能。

多孔性吸声材料具有大量内、外连通的微孔和连续的气泡，通气性良好。当声波入射到材料表面时,声波很快地顺着微孔进入材料内部,引起孔隙内的空气振动,由于摩擦,空气粘滞阻力和材料内部的热传导作用,使相当一部分声能转化为热能而被吸收。多孔材料吸声的先决条件是声波易于进入微孔,不仅在材料内部,在材料表面上也应当是多孔的。

多孔性吸声性能与材料的表观密度和内部构造有关。在建筑装修中,吸声材料的厚度,材料背后的空气层,以及材料的表面状况,对吸声性能都有影响。

6. 何谓柔性吸声材料?

答:具有密闭气孔和一定弹性的材料,如聚氯乙烯泡沫塑料,表面仍为多孔材料,但因具有密闭气孔,声波引起的空气振动不易直接传递至材料内部,只能相应地产生振动,在振动过程中,由于克服材料内部的摩擦而消耗了声能,引起声波衰减。这种材料的吸声特性是在一定的频率范围内出现一个或多个吸收频率。

7. 简述影响多孔吸声材料性能的因素。

答:材料的表观密度:对同一种多孔材料(例如超细玻璃纤维)而言,当其表观密度增大时(即空隙率减小时),对低频的吸声效果有所提高,而对高频的吸声效果则有所降低。

材料的厚度:增加多孔材料的厚度,可提高对低频的吸声效果,而对高频则没有多大影响。

材料的孔隙特征:孔隙越多越细小,吸声效果越好。如果孔隙太大,则效果越差。如果材料种的孔隙大部分为单独的封闭的气泡(如聚氯乙烯泡沫塑料),则因声波不能进入,从吸声机理上讲,就不属于多孔性吸声材料。当多孔材料表面涂刷油漆或材料吸湿时,则因材料的孔隙被水分或涂料所堵塞,其吸声效果亦将大大降低。

8. 吸声材料和绝热材料的性质有何异同?使用绝热材料和吸声材料时各应注意哪些问题?

答:凡平均吸声系数大于 0.2 的材料,均称为吸声材料。

绝大多数的吸声材料与绝热材料都具有轻质、多孔、疏松的共同性质,且孔径都较细为好。所不同的是孔隙状态,绝热材料以闭口孔含量高为好。而吸声材料相反,以开口孔隙率高为好。

使用吸声材料时,要选用吸声系数(α)大的材料,尤其吸收中、低声频能力强的材料。材料应设在接触声波多和避免使用中不易碰撞的高度以上墙面和天棚。同时要防止灰尘、水气的孔内堵塞而降低吸声效果。

使用绝热材料时,应首选导热系数(λ)小的材料。同时要注意防水处理得当,以免吸水后降低绝热性。

9. 请说明隔绝空气声与隔绝固体声作用原理的不同之处。哪些材料适宜用作隔绝空气声或隔绝固体声?

答:隔声包括隔绝空气声或固体声。

空气声是通过空气直接进入室内的。对于匀质单层材料,被声波激发后其振动大小只与材料的质量大小有关,称之为"质量定律",材料单位体积的质量增加,则隔声量增加,隔声效果好。

固体声是由材料受到撞击后受迫振动而发声的。由于声能在材料中传播时衰减很小,对于刚性连接的结构,其传声性能很强。隔绝固体声应选用柔软易变形、弹性好的材料,使其吸收较多的振动机械能,使之转变为热能,以减少传入室内的声能。

表观密度大的密实材料,如混凝土、红砖、石材等适宜用来隔绝空气声。而柔软、弹性材料。如地毯、软木塑料、橡胶等材料适宜隔绝撞击声。

10. 如何解决轻质材料和轻型结构绝热性能、吸声性能好而隔声能力差的矛盾?

答:要解决轻质材料和轻型结构绝热性能、吸声性能好而隔声能力差的矛盾,可以在两个密实层之间夹一层空气层的方式代替单一的密实层;使用多层厚度相同而质量不等的密实材料;将空气层厚度增加到 7.5cm 以上或填以柔软吸声材料;处理好墙、门窗的缝隙,减少空气直接传声量。上述措施可以提高轻型结构的隔声性能,并保证绝热,吸声等其他性能不降低。

11. 用于室外和室内的建筑装饰材料,对其要求的主要功能及质量有何不同?

答:用于室内和室外的建筑装饰材料,所处环境不同,要求具有的功能也不相同,主要表现在:

(1)装饰性方面　室内主要是近距离观赏,多数情况下要求色泽淡雅、条纹纤细、表面光平(大面积墙面除外);室外主要是远距离观赏,尤其对高层建筑,常要求材料表面粗糙、线条粗(板缝宽)、块形大,质感丰富。

(2)保护建筑物功能方面　室内除地面、浴厕、卫生间厨房要求防水防蒸渗透外,大多数属于一般保护作用;室外不然,饰面材料应具有防水、抗渗、抗冻、抗老化、保色性强、抗大气作用等功能,从而保护墙体。

(3)兼有功能方面　室内根据房间功能不同,对装饰材料还常要求具有绝热、或吸声、隔声、透气、采光、易擦洗、抗污染、抗撞击、地面耐磨、防滑、有弹性等功能;而外墙则要求隔声、绝热、防火等功能。

(4)安全性方面(室内建筑材料——有害气体限制)

① 芳香"杀手"——苯。苯是一种无色、具有特殊芳香气味的液体。甲苯、二甲苯属于苯的同系物。如果人在短时间内吸入高浓度的苯、甲苯、二甲苯时,可导致中枢神经系统麻醉,严重者导致呼吸、循环衰竭而死亡。长期接触一定浓度的苯、甲苯、二甲苯会引发慢性苯中毒、障碍性贫血、影响生殖功能、妊娠并发症、胎儿先天性缺陷等多种疾病。

② 游离"杀手"——甲醛。甲醛是一种无色易溶的刺激性气体,可经呼吸道吸收。甲醛被广泛用来制造板材黏合剂,室内装修和家具常用的中高密度板、胶合板、大芯板等人造板材以及复合板等都是甲醛的载体。甲醛超标对人体的危害具有长期性、潜伏性、隐蔽性的特点。长期接触低剂量甲醛可出现眼睛、皮肤和呼吸系统的刺激症状,引起慢性呼吸道疾病、女性月经紊乱、妊娠综合征、新生儿体质降低、染色体异常;高浓度的甲醛对神经系统、免疫系统、肝脏等都有损害,严重时会诱发各种癌症。

③ 肺癌杀手——氡。氡是由镭衰变产生的自然界唯一的天然放射性惰性气体,无色无味,在空气中能形成放射性气溶胶而污染空气。各类建筑材料就是室内氡的最主要来源。氡是除吸烟以外引起肺癌的第二大因素。

④ 臭味杀手——氨。氨是一种无色而具有强烈刺激性臭味的气体。这种具有强烈刺激性气味的气体溶解度很高,很容易被吸附在人的皮肤黏膜和眼结膜上从而引起机体病变,并有可能引起神经系统、生殖系统和消化系统等疾病。

12. 吸热玻璃与热反射玻璃在性质和应用上的主要区别是什么?

答:吸热玻璃与热反射玻璃虽然都可以作幕墙和门、窗用玻璃,但是它们的性质是有区

别的,主要表现在:

(1) 吸热玻璃与热反射玻璃作用不同。吸热玻璃对太阳能的吸收系数大于其反射系数。热反射玻璃的作用恰恰相反。所以吸热玻璃主要靠吸收太阳能达到绝热作用的。

(2) 吸热玻璃吸收较大热量后,一部分又辐射到室内,其透过可见光和紫外线能力均比热反射玻璃强,可以避免弦光作用。但站在窗前会产生闷热的感觉。

(3) 玻璃都是通过自身色彩多样性而具有优良的装饰效果的。但是热反射玻璃由于具有自暗处向明处单向透视的作用,而不影响向室外观察的效果,同时还具有从明处向暗处(如从室外向室内)观察时的半镜面作用,即可以映出周围景致,增加了装饰效果。

(4) 从用途上看,热反射玻璃比吸热玻璃更适合炎热地区,设有空调的建筑门窗和幕墙使用,能较大幅度减轻冷负载,节省能源。热反射玻璃易造成光污染。

13. 建筑涂料的主要性能指标有哪些?

答:建筑涂料的一般性能包括:

(1) **遮盖力** 遮盖力通常用能使规定的黑白格遮盖所需的涂料质量表示。

(2) **涂膜附着力** 涂膜附着力表示涂料与基层的黏结力。可用画格法测定。附着力的大小与涂料中成膜物质的性质及基层的性质和处理方法有关。

(3) **黏度** 黏度的大小影响施工性能,不同的施工方法,要求涂料有不同的黏度。

(4) **细度** 细度的大小影响表面的平整性和光泽。

建筑涂料作为墙面和地面的装饰材料,对其性能还有一些特殊要求,主要包括:耐污染性、耐久性、耐碱性、最低成膜温度。

14. 试述火灾时钢筋的劣化过程。

答:高温状态下钢筋软化及内部金相结构发生变化,钢筋的强度随受火温度的升高而不断降低。对于热轧钢筋,当受火温度 $T \leqslant 300℃$ 时抗拉强度和屈服强度降低不大,当 $T = 600℃$ 左右时,钢筋的屈服强度只有原强度的 50%;对于预应力钢丝,当受火温度 $T > 150℃$ 时,抗拉强度降低就很大,当受火温度 $T = 450℃$ 时,抗拉强度只有 50%。由此可见,火灾对钢筋的力学性能影响很大。

三、填空题

1. 石棉乳化沥青涂料是以_____为基料、_____作为分散剂,在机械强制搅拌下制成的厚质防水涂料。

2. 沥青具有良好防水性的原因是它的_____、_____、_____、_____及_____。

3. 从建筑节能角度考虑,选择建筑物围护结构的材料时,应选用导热系数较_____、热容量较_____的材料。

4. 吸声材料和绝热材料在结构特征上的共同点是二者均为_____材料。但二者的孔隙特征不同。绝热材料的孔隙特征是要求具有_____、_____的气孔,而吸声材料的孔隙特征是要求具有_____、_____的气孔。

5. 绝热材料应满足:λ 值不大于_____ W/(m·K)、表观密度不大于_____ kg/m³、抗压强度大于_____ MPa、构造简单、施工容易、造价低的多孔材料。

6. 增加多孔材料的厚度,可提高_____频声音的吸声效果,而对吸收_____频声音则无多大影响。

7. 增大多孔吸声材料的表观密度,这将使_____频吸声效果改善,但_____频吸声效果有所下降。

8. 一般来说,孔隙越_____、孔径越_____,则材料的吸声效果越好。

9. 多孔材料吸湿受潮后,其导热系数_____,其原因是因为材料的孔隙中有了_____的缘故。

10. 帘幕吸声体是用具有通气性能的纺织品,安装在离墙面或窗洞一定距离处,背后设置空气层。这种吸声体对_____、_____都有一定的吸声效果。

11. 玻璃是热的_____导体。

12. 涂料的基本组成包括_____、_____、_____和_____。

填空题答案

1. 石油沥青,石棉 **2.** 构造致密,憎水性,不溶于水,与基底黏结力强,一定的可塑性

3. 小,大 **4.** 多孔性,微细,封闭,微细,连通 **5.** 0.23,600,0.3 **6.** 低,高 **7.** 低,高

8. 多,小 **9.** 增大,水分 **10.** 中频,高频 **11.** 不良 **12.** 主要成膜物质,次要成膜物质,溶剂,辅助材料

四、选择题

1. A,B 两种墙体材料,分别由这两种材料建成的墙体热容量为前者大于后者。则两种材料的导热系数关系为_____。

    A. 前者大于后者;   B. 后者大于前者;

    C. 不确定。

2. 膨胀珍珠岩_____性不良。

    A. 质轻;   B. 燃烧;

    C. 防水、防潮;   D. 导热系数高。

3. _____不是沥青卷材的缺点。

    A. 抗拉强度低;   B. 抗渗性不好;

    C. 抗裂性差;   D. 对温度变化较敏感。

4. 下列材料中,绝热性能最好的是_____。

    A. 泡沫塑料;   B. 泡沫混凝土;   C. 泡沫玻璃;   D. 中空玻璃。

5. 作为吸声材料,其吸声效果好的评判根据是材料的_____。

    A. 吸声系数大;   B. 吸声系数小;   C. 孔隙不连通;   D. 多孔、疏松;

    E. 密实薄板结构。

6. 下列_____适合作为隔声材料选用。

    A. 弹性地毯;   B. 混凝土;   C. 中空玻璃;

7. 穿孔板组合共振吸声结构具有以下_____频率的吸声特性。

    A. 高频;   B. 中高频;   C. 中频;   D. 低频。

8. 多孔材料的_____与吸声性无关。

    A. 表观密度;   B. 厚度;   C. 形状;   D. 孔隙的特征。

9. _____ 不用于室外装饰。

    A. 陶瓷面砖;   B. 陶瓷饰砖;   C. 防滑面砖;   D. 釉面砖。

10. _____ 不适合用于钢筋混凝土屋顶的绝热。

    A. 岩棉;   B. 膨胀珍珠岩;

    C. 加气混凝土;   D. 水泥膨胀蛭石。

选择题答案

1. C 2. C 3. B 4. A 5. A 6. B 7. C 8. C 9. D 10. A

五、是非题(正确的写"T",错误的写"F")

1. 南方地区的建筑物墙体更应考虑其保温性能。(   )

2. 不论寒冷地区还是炎热地区,其建筑物外墙均应选用热容量较大的墙体材料。(   )

3. 纤维材料只有当其具有最佳表观密度时,绝热效果最好。(   )

4. 材料的导热系数越大,则其绝热性能越好。(   )

5. 增加保温材料的厚度可以提高保温能力。(   )

6. 多孔性材料,当其孔隙愈多、孔愈细小,且为互相连通表面开放,则其吸声效果愈好。(   )

7. 绝热材料和吸声材料同是多孔结构材料,绝热材料要求具有开口孔隙,吸声材料要求具有闭口孔隙。(   )

8. 沥青防水卷材单位面积质量越重,其等级越高。(   )

9. 绝热性好的材料,其吸声性能不一定好。(   )

10. 密实度越高的材料,其隔绝固体传播声的性能越好。(   )

是非题答案

1. F 2. T 3. T 4. F 5. T 6. T 7. F 8. T 9. T 10. T

土木工程材料
模拟试卷

本科生考试模拟试卷一

一、选择题(每题 1 分,共 18 分)

1. 宏观外形体积为 $1m^3$,孔隙体积占 25% 时,该材料质量为 1 800kg,其密度为 _____ kg/m^3。

    A. 1800;   B. 3600;   C. 2400;   D. 1280。

2. 要使材料的导热系数尽量小,应使_____。

    A. 含水率尽量低;

    B. 孔隙率大,特别是闭口孔隙率,小孔尽量多;

    C. 含水率尽量低,大孔尽量多;

    D. (A 项+B 项)。

3. 钢材内部,_____为有害元素。

    A. 锰、铝、硅、硼;   B. 硫、磷、氧;   C. 稀土元素;   D. 铬、镍、铜。

4. 钢筋冷拉后_____提高。

    A. 屈服强度;   B. 抗拉强度;   C. 屈服强度和抗拉强度。

5. 碳素结构钢牌号增大,表示强度_____。

    A. 强度增大,伸长率降低;   B. 强度降低,伸长率增大;

    C. 强度增大,伸长率不变;   D. 强度降低,伸长率不变。

6. 含水率 6% 的砂 100g,其中干砂质量为_____ g。

    A. $100 \times (1-6\%) = 94.0$;   B. $(100-6) \times (1-6\%) = 88.4$;

    C. $100 \div (1+6\%) = 94.3$;   D. $(100-6) \div (1+6\%) = 88.7$。

7. 木材的强度具有以下规律:_____。

    A. 顺纹抗压强度 >顺纹抗拉强度;

    B. 顺纹抗拉强度 >横纹抗拉强度;

    C. 横纹抗压强度 >顺纹抗压强度;

    D. 顺纹抗压强度 >顺纹抗弯强度。

8. 石油沥青软化点指标反映了沥青的_____。

    A. 耐热性;   B. 塑性;   C. 黏滞性;

    D. 强度;   E. 耐久性。

9. 为了达到绝热和室内温度稳定的目的,在选择建筑物围护结构用的材料时,应选用 _____的材料。

    A. 导热系数小,热容量小;   B. 导热系数大,热容量小;

    C. 导热系数小,热容量大;   D. 导热系数大,热容量大。

10. 工程上应用石灰,要提前一周以上将生石灰块进行熟化,是为了_____。

A. 消除欠火石灰的危害;   B. 放出水化热;

C. 消除过火石灰的危害;   D. 蒸发多余水分。

11. 烧结黏土砖中,只能用于非承重墙体的是_____。

A. 普通砖;   B. 多孔砖;   C. 空心砖。

12. 生产硅酸盐水泥时,若掺入过多石膏得到的结果是_____。

A. 水泥不凝结;   B. 水泥的强度降低;

C. 水泥的体积安定性不良;   D. 水泥迅速凝结。

13. 对干燥环境中的工程,应优先选用_____。

A. 火山灰水泥;   B. 矿渣水泥;   C. 普通水泥。

14. 大体积混凝土应选用_____。

A. 矿渣水泥;   B. 硅酸盐水泥;   C. 普通水泥。

15. 压碎指标是表示_____强度的指标。

A. 混凝土;   B. 空心砖;   C. 粗骨料;   D. 水泥。

16. 配制混凝土时,在其他条件不变的情况下,由原先的中砂换用细砂,配合比中砂率应_____。

A. 适当上升;   B. 适当下降;   C. 基本维持不变。

17. 冬季混凝土施工时,应首先考虑加入_____。

A. 引气剂;   B. 缓凝剂;   C. 减水剂;   D. 早强剂。

18. 与无机材料相比,聚合物材料的使用安全性_____。

A. 很好;   B. 一般;   C. 较差。

二、是非题(共 25 分)

1. 凡是含孔材料,其表观密度均比其密度小。(　　)

2. 在进行材料抗压强度试验时,大试件较小试件的试验结果值偏大。(　　)

3. 与脆性材料相比,韧性好的材料在破坏时可产生更大的变形。(　　)

4. 钢材伸长率公式 $A = (L_u - L_0)/L_0 \times 100\%$。式中,$L_u$ 为试件拉断后的标距长度;L_0 为试件原标距长度。(　　)

5. 钢材作冷弯试验时,采用的弯曲角度愈大,弯心直径与试件厚度(或直径)的比值愈小,表示对冷弯性能要求愈高。(　　)

6. 钢材焊接时产生热裂纹,主要是由于含磷较多引起的。(　　)

7. 所有牌号的低合金高强度结构钢,其屈服点都高于各牌号的碳素结构钢。(　　)

8. 钢材经冷拉后可提高其屈服强度和极限抗拉强度,而时效只能提高其屈服点。(　　)

9. 木材各方向的涨缩变形大小顺序为:弦向>纵向>径向。(　　)

10. 随着木材含水率的降低,木材体积发生收缩,强度增大。(　　)

11. 建筑砂浆和易性指标中没有黏聚性一项是因为砂浆中不存在粗骨料。(　　)

12. 道路石油沥青的牌号高于建筑石油沥青是因为道路石油沥青需要承受荷载,所以应较硬。(　　)

13. 水泥水化热较大会造成大体积混凝土内外温差过大,引起混凝土表面开裂。(　　)

14. 建筑石膏最突出的技术性质是凝结硬化快,并且在硬化时体积略有膨胀。(　　)

15. 石灰浆体干燥收缩值大,用于墙面抹灰时,常需掺入纸筋、麻刀等纤维材料,以减少干缩裂纹。(　　)

16. 用沸煮法可以全面检验硅酸盐水泥的体积安定性是否良好。(　　)

17. 同种岩石表观密度越大,则孔隙率越低,强度、吸水率、耐久性越高。(　　)

18. 在原材料相同的情况下,混凝土坍落度增大,应相应减少砂率。(　　)

19. 含有二氧化碳的水对硅酸盐水泥有腐蚀作用。(　　)

20. 硅酸盐水泥的耐硫酸盐侵蚀性优于粉煤灰硅酸盐水泥。(　　)

21. 砂的细度模数越大,说明砂越细。(　　)

22. 配制高强混凝土时,应选用粒径较小的粗骨料。(　　)

23. 混凝土的干燥收缩是混凝土结构非荷载开裂的主要原因之一。(　　)

24. 混凝土的严重碳化,容易导致钢筋混凝土中钢筋的锈蚀。(　　)

25. 对混凝土强度进行随机抽样统计,强度分布曲线愈矮而宽,说明施工水平愈高。(　　)

三、填空题(共21分)

1. 保温与吸声材料均为多孔材料,孔隙结构上都要求具有孔径＿＿＿且＿＿＿。但前者要求孔隙＿＿＿＿＿＿＿＿,后者要求孔隙＿＿＿＿＿。

2. 钢材经冷加工＋时效处理后,其＿＿＿＿、＿＿＿＿上升,＿＿＿＿和＿＿＿＿下降。

3. 所有硅酸盐水泥的初凝时间按国家标准均需＿＿＿＿,其原因是＿＿＿＿＿。

4. 一水滴滴在洁净的玻璃和 SBS 卷材上,其润湿边角分别为＿＿＿＿＿＿和＿＿＿＿＿＿。

5. 普通硅酸盐水泥的终凝时间按国家标准均需＿＿＿＿＿＿＿,其原因是＿＿＿＿＿＿＿。

6. 掺混合材的硅酸盐水泥与硅酸盐水泥相比,其具有早期强度＿＿＿＿＿,后期强度＿＿＿＿＿,水化热＿＿＿＿＿,耐软水和硫酸盐侵蚀性＿＿＿＿＿,其蒸汽养护效果＿＿＿＿＿,抗冻性＿＿＿＿＿,抗碳化能力＿＿＿＿＿的特性。其中矿渣水泥具有＿＿＿＿＿好,火山灰水泥在干燥条件下＿＿＿＿＿差,在潮湿条件下＿＿＿＿＿好,粉煤灰水泥具有＿＿＿＿＿小、＿＿＿＿＿好的特性。

7. 在进行混凝土和易性调整时,若发现坍落度高于设计要求时,应在＿＿＿＿＿条件下,＿＿＿＿＿的量;若发现坍落度低于设计要求时,应在＿＿＿＿＿条件下,＿＿＿＿＿的量。

8. 影响砂浆流动性的主要因素是＿＿＿＿＿、＿＿＿＿＿、＿＿＿＿＿等。

9. 选择粗骨料的最大粒径,从＿＿＿＿＿方面考虑,应选较＿＿＿＿＿值,但其受到＿＿＿＿＿、＿＿＿＿＿、＿＿＿＿＿等条件的限制。

10. 在砖窑中烧砖,焙烧时,若为还原气氛,则烧出的砖的颜色是＿＿＿＿＿,若为氧化气氛,则烧出的砖的颜色是＿＿＿＿＿。

11. 热塑性树脂的分子结构是＿＿＿＿＿＿＿＿＿,热固性树脂的分子结构为＿＿＿＿＿＿＿＿＿。

四、问答题(共 18 分)

1. 要配制既质量良好同时又节约水泥的混凝土,你认为有哪些方法或措施?

2. 说明硅酸盐水泥受腐蚀的种类及其成因。

3. 普通碳素钢中含较多的磷、硫或者氮、氧及锰、硅等元素时,对钢性能的主要影响如何?

五、计算题(共 15 分)

1. 已知混凝土的设计强度为 C20,水泥实测强度 46.3MPa;水泥用量为 280kg/m³,用水量为 195 kg/m³,石子为碎石;施工单位该种混凝土强度的标准差为 5 kg/m³。按上述条件施工作业,混凝土强度是否有保证?为什么?($\alpha_a = 0.53, \alpha_b = 0.20$)

2. 某次砂的来样复检,取样烘干后取得干砂试样 500 克,筛分结果如表所示,试求:

(1) 各筛上的分计筛余与累计筛余百分率;

(2) 细度模数;

(3) 判断该砂级配情况。

筛孔尺寸/mm		5	2.5	1.25	0.63	0.315	0.16	<0.16
分计筛余	g	0	98	102	101	100	74	23
	%							
累计筛余/%								

附表　　　　　　　　　砂级配区的规定

筛孔尺寸/mm	级 配 区		
	Ⅰ 区	Ⅱ 区	Ⅲ 区
	累计筛余量/%		
5.0	10~0	10~0	10~0
2.5	35~5	25~0	15~0
1.25	65~35	50~10	25~0
0.63	85~71	70~41	40~16
0.315	95~80	92~70	85~55
0.16	100~90	100~90	100~90

3. 一普通硅酸盐水泥,已经测得 3 d 抗折、抗压强度分别为 4.2 MPa,23.8 MPa;28 d 受折、受压时的破坏荷载 P(kN)如表 1 所示:

表 1

折/MPa	3.0		3.3		3.0	
压/kN	78.2	79.2	80.0	85.4	76.6	80.8

求:(1) 确定 28 d 的抗折、抗压强度;

（2）根据表 2 所示，确定该水泥的强度等级。

表 2

等级	抗折强度/MPa		抗压强度/MPa	
	3 d	28 d	3 d	28 d
32.5	2.5	5.5	12.0	32.5
42.5	3.5	6.5	16.0	42.5
52.5	4.0	7.0	22.0	52.0
62.5	5.0	8.0	27.0	62.5

本科生考试模拟试卷一参考答案

一、选择题

1. C　2. D　3. B　4. A　5. A　6. A　7. B　8. A　9. C　10. C　11. B　12. C
13. C　14. A　15. C　16. B　17. D　18. A

二、是非题

1. √　2. ×　3. √　4. √　5. √　6. ×　7. √　8. ×　9. ×　10. ×　11. √
12. ×　13. √　14. √　15. √　16. ×　17. √　18. ×　19. √　20. √　21. ×
22. √ 23. √　24. √　25. ×

三、填空题

1. 细，封闭，开放，连通　2. 屈服强度，抗拉，塑性，韧性　3. ≥45min，保证正常施工时间　4. ≤90°，>90°　5. ≤10h，提高施工速度　6. 低，高，低，好，好，差，差，耐热性，大气稳定性，抗渗性，干缩，抗裂性　7. 砂率不变，增加砂石，水胶比不变，增加水，水泥　8. 胶凝材料用量，用水量，砂子特性外加剂　9. 节约水泥，较大，施工条件，构件尺寸，钢筋净距
10. 青色，红色　11. 线性或支链，体型

四、问答题

1. 答：选择级配良好的砂石料、控制砂石的有害杂质含量；

选择合理砂率；

选择合理的水泥等级和品种；

必要时选择减水剂等外加剂。

2. 答：淡水侵蚀：氢氧化钙溶蚀；

酸性水侵蚀：酸碱反应；

硫酸盐侵蚀：生成钙矾石膨胀；

镁盐侵蚀：生成氢氧化镁；

氯离子：引起钢筋锈蚀。

3. 答：磷：引起冷脆性；

硫、氧：热脆性；

硅：合金元素，起细化晶粒、固溶强化的作用；

锰：消除硫、氧的热脆性，同时也是合金元素；

氮：增强，使塑性、韧性大幅下降。

五、计算题

1. **解**：有保证。

根据混凝土强度预测模型：

$$f_{cu,0} = 0.53 \times 46.3 \times (280/195 - 0.20) = 30.3 \text{MPa}$$

该混凝土抗压强度可达 30.3MPa，要求强度值：$20 + 1.645 \times 5 = 28.2 \text{MPa}$

故强度有保证。

2. **解**：(1)各筛上的分计筛余与累计筛余百分率，如下表所示。

筛孔尺寸/mm		5	2.5	1.25	0.63	0.315	0.16	<0.16
分计筛余	g	0	98	102	101	100	74	23
	%	0	19.6	20.4	20.2	20.0	14.8	4.6
累计筛余/%		0	19.6	40.0	60.2	80.2	95.0	99.6

（2）2.95；

（3）Ⅱ区，级配良好。

3. **解**：(1) 28d 抗折强度为 7.3MPa，28d 抗压强度为 50MPa。

（2）强度等级 42.5。

本科生考试模拟试卷二

一、单项选择题(每题 0.5 分,共 10 分)

1. 某组龄期为 3 天的水泥胶砂试件的检测结果如下:抗折破坏荷载分别为 1.68kN,1.76kN,2.05kN;抗压破坏荷载仅得 5 个值,即 53.1kN,56.8kN,54.2kN,51.4kN,56.7kN。该试件 3d 抗折与抗压强度分别为_____。

    A. 4.3MPa 和 34.0MPa;   B. 4.0MPa 和 34.0MPa;

    C. 1.8MPa 和 54.4MPa;   D. 结果作废。

2. 硬聚氯乙烯塑料的优点,不包括_____。

    A. 原材料来源丰富,价格低廉;   B. 较高机械强度;

    C. 优越的耐腐蚀性能;   D. 优良的防火耐火性能。

3. 导致钢材"热脆"的化学元素是_____。

    A. P;   B. S;   C. Si;   D. Mn;   E. C。

4. 以下哪一个不是影响木材强度的因素_____。

    A. 含水量;   B. 温度;   C. 负荷时间;   D. 疲劳。

5. 当外力达一定值时,材料发生突然破坏,其破坏时无明显的塑性变形,这种性质称为_____。

    A. 弹性;   B. 塑性;   C. 脆性;   D. 韧性。

6. 硫酸盐侵蚀能引起硅酸盐水泥石腐蚀,其原因是水泥石中含有_____。

    A. C-S-H、$Ca(OH)_2$;   B. C_3AH_6、$CaCO_3$;

    C. $Ca(OH)_2$、C_3AH_6;   D. $Ca(OH)_2$、C-F-H。

7. 胶体是由具有物质三态(固、液、气)中某种状态的高分散度的粒子作为散相,分散于另一相(分散介质)中所形成的系统。它具有_____特点。

    A. 高度分散性和多相性;   B. 高度分散性和二相性;

    C. 高度絮凝性和多相性;   D. 高度絮凝性和二相性。

8. 普通硅酸盐水泥的缩写符号是_____。

    A. P.O;   B. P.F;   C. P.P;   D. P.C

9. 以下性质中哪个不属于石材的工艺性质,_____。

    A. 加工性;   B. 抗冲性;

    C. 抗钻性;   D. 磨光性。

10. 按表观密度分类,_____属轻型混凝土范围。

    A. 聚合物混凝土;   B. 多孔混凝土;

    C. 碾压混凝土;   D. 沥青混凝土。

11. 活性混合材中的主要潜在活性是含有_____。

    A. CaO 与 SiO_2；   B. CaO 与 MgO；

    C. MgO 与 Al_2O_3；   D. SiO_2 与 Al_2O_3。

12. 某地下建筑工程用混凝土需要耐腐蚀且抗渗,宜选用_____。

    A. 普通水泥；   B. 矿渣水泥；   C. 火山灰水泥；   D. 粉煤灰水泥。

13. 木材中的水,对其强度及胀缩变形影响最大的是_____。

    A. 吸附水；   B. 自由水；   C. 饱和水；   D. 化合水。

14. 混凝土强度均方差越小,表示质量管理水平_____。

    A. 不变；   B. 越高；   C. 越低；   D. 不确定。

15. 某组边长为 200mm 的混凝土立方体试件,测得其 28d 的抗压破坏荷载为 674kN,679kN,790kN。该组试件的立方体抗压强度值为_____ MPa。

    A. 18.8；   B. 17.8；   C. 17.9；   D. 17.0。

    E. 上述均错误,请在空格处填上正确值。

16. 影响混凝土强度的最主要因素是_____。

    A. 水胶比和骨料级配；   B. 水胶比和水泥强度；

    C. 骨料级配和水泥强度；   D. 水胶比和石子种类。

17. 粉煤灰水泥的缩写符号是_____。

    A. P.O   B. P.F   C. P.P   D. P.C

18. 烧结多孔砖的强度等级是根据_____来划分的。

    A. 抗压强度和抗折强度；   B. 抗压强度；   C. 抗折强度。

19. _____属轻型混凝土范围。

    A. 聚合物混凝土；   B. 多孔混凝土；

    C. 碾压混凝土；   D. 沥青混凝土。

20. 导致钢材"冷脆"的化学元素是_____。

    A. P；   B. S；   C. N；   D. O。

二、是非题(正确的打"√",错误的打"×")(每格 0.5 分,共 20 分)

1. 石膏浆体可以在潮湿环境或水中硬化。(　　)

2. 在新拌混凝土中加入减水剂,可提高其流动性。(　　)

3. 具有封闭或粗大孔隙的材料,其吸水率较小,具有细微并连通孔隙的材料,其吸水率较大。(　　)

4. 软化系数越小的材料,其耐水性能越好。(　　)

5. 在有隔热保温要求的工程中,设计时应尽量选用热容量(或比热)小,导热系数也小的材料。(　　)

6. 烧结空心砖主要用于非承重墙体。(　　)

7. 水泥体积安定性不合格,可降低等级使用。(　　)

8. 欲制得水化热低的如大坝水泥,应提高 C_2S 与 C_3S 的含量,降低 C_3A 的含量。(　　)

9. 碎石的强度可用岩石的立方体抗压强度表示。(　　)

10. 塑料的强度不是很高,但其比强度高。远远超过传统建筑材料。(　　)

11. 用于多孔吸水基面的砌筑砂浆,其强度大小主要决定于水泥强度等级和水泥用量,

而与水灰比大小无关。（　　　）

12. 在新拌混凝土中加入减水剂,可提高其流动性。（　　　）

13. 由于建筑石膏具有微膨胀特性,故可不加骨料而单独使用,如抹面灰浆和石膏饰件,一般可使用纯石膏浆。（　　　）

14. 一般认为,当材料的润湿边角大于 90°时,该材料称为憎水性材料。（　　　）

15. 钢材的冷弯性能通常用弯曲角度与弯心直径这两个指标来衡量。（　　　）

16. 硅酸盐水泥、快硬硅酸盐水泥因其有快硬高强特性,故适用于厚大体积的混凝土。（　　　）

17. 一般而言,材料的孔隙率大,其导热系数越小,但如果是粗大或贯通的孔隙,尽管孔隙率大,其导热系数反而增大。（　　　）

18. 烧结多孔砖和烧结空心砖的孔洞率必须大于 15%。（　　　）

19. 所谓高性能混凝土就是强度等级高于 C60 的混凝土。（　　　）

20. 聚合物力学性能的最大特点是高弹性和低黏性。（　　　）

三、填空题(每个空格 0.5 分,共 20 分)

1. 为保证混凝土的耐久性,则在混凝土配合比设计中要控制＿＿＿＿＿＿和＿＿＿＿＿＿。

2. 当混凝土中的水泥含有较多的＿＿＿＿＿＿,粗骨料中又夹杂＿＿＿＿＿＿时,就可能发生碱骨料反应,而使混凝土破坏。

3. 粗骨料的最大粒径不应大于构件最小截面尺寸的＿＿＿＿＿＿,也不大于钢筋最小净间距的＿＿＿＿＿＿。

4. 木材的吸附水达到饱和,而无自由水时的含水率,称为木材的＿＿＿＿＿＿。

5. 石油沥青的技术性质主要是指＿＿＿＿＿＿、＿＿＿＿＿＿、＿＿＿＿＿＿和＿＿＿＿＿＿。

6. 建筑砂浆的保水率大,表示＿＿＿＿＿＿,沉入量大,表示＿＿＿＿＿＿。

7. 区分亲水性材料与憎水性材料,可用＿＿＿＿＿＿来衡量,当＿＿＿＿＿＿为亲水性材料;当＿＿＿＿＿＿为憎水性材料。

8. 作为土木工程材料必须具有＿＿＿＿＿＿、＿＿＿＿＿＿、＿＿＿＿＿＿和＿＿＿＿＿＿四大特点。

9. 测试混凝土抗压强度的标准试块尺寸是边长为＿＿＿＿＿＿ mm 的立方体;标准养护的温度为＿＿＿＿＿＿℃,相对湿度为＿＿＿＿＿＿%。

10. 如果混凝土拌合物的保水性较差,可适当＿＿＿＿＿＿砂率来改善;如果流动性较小,可保持水灰比＿＿＿＿＿＿,适当＿＿＿＿＿＿水和水泥用量来改善。

11. 粗骨料的最大粒径不应大于构件最小截面尺寸的＿＿＿＿＿＿,也不大于钢筋最小净间距的＿＿＿＿＿＿。

12. 我国标准规定测定木材强度时的标准含水量为＿＿＿＿＿＿。

13. 材料的抗冻性用＿＿＿＿＿＿表示;其值大,则材料的抗冻性＿＿＿＿＿＿。

14. 石油沥青是按＿＿＿＿＿＿指标来划分牌号的。

15. 砂浆的和易性包含＿＿＿＿＿＿和＿＿＿＿＿＿。

16. 检验＿＿＿＿＿＿引起的安定性,采用＿＿＿＿＿＿。

17. 在砖窑中烧砖,焙烧时,若为还原气氛,则烧出的砖的颜色是＿＿＿＿＿＿,若为氧化气氛,则烧出的砖的颜色是＿＿＿＿＿＿。

18. 素钢随着钢号的增大,钢材的强度_____,塑性_____。

四、问答题(每题 5 分,共 40 分)

1. 与纯硅酸盐水泥比较,矿渣水泥的水化反应有何特点?
2. 调整混凝土拌合物和易性主要采用什么方法?
3. 建筑石膏的主要特性和用途有哪些?
4. 简述土木工程对土木工程材料的要求。
5. 何谓钢材的屈强比?其在工程中的实际意义是什么?
6. 何谓木材的纤维饱和点含水率?其值一般为多大?
7. 高分子材料的主要组成有哪些?其作用如何?
8. 何谓混凝土的耐久性?简述提高混凝土耐久性的措施。

五、计算题(共 20 分)

1. 一块烧结普通砖,其尺寸符合标准尺寸(240mm×115mm×53mm),烘干恒定质量为 2500g,吸水饱和质量为 2900g,再将该砖磨细,过筛烘干后取 50g,用密度瓶测定其体积为 18.5cm³。

试求该砖的质量吸水率、体积吸水率、密度、容积密度和密实度。

2. 某施工配合比为:$C:W:S:G=308:128:700:1260(kg/m^3)$,此时砂的含水率 $a\%=4.2\%$,碎石的含水率 $b\%=1.6\%$,则

(1) 试求实验室配合比。

(2) 如果实验室配合比与计算配合比一致,且已知使用的 42.5 号普硅水泥,实测强度为 48.7MPa,试估计该混凝土的强度等级?

($\sigma=4.6MPa,\alpha_a=0.53,\alpha_b=0.20$)

本科生考试模拟试卷二参考答案

一、选择题

1. B 2. D 3. B 4. D 5. C 6. C 7. A 8. A 9. B 10. B 11. D
12. C 13. A 14. B 15. B 16. B 17. B 18. B 19. B 20. A

二、是非题

1. × 2. √ 3. × 4. × 5. √ 6. × 7. × 8. √ 9. × 10. × 11. √
12. √ 13. √ 14. × 15. × 16. × 17. √ 18. × 19. × 20. ×

三、填空题

1. 最大水胶比,最小水泥用量 2. 碱(K,Na),活性二氧化硅 3. 1/4,3/4 4. 纤维饱和点 5. 黏性,塑性,温度稳定性,大气稳定性 6. 保水性好,流动性大 7. 湿润边角 $\theta,\theta\leqslant 90°,\theta>90°$ 8. 适用,耐久,量大,价廉 9. 150,20±2,≥95 10. 提高,不变,增加 11. 1/4,3/4 12. 12% 13. 抗冻等级,好 14. 黏度(针入度) 15. 流动性,保水性 16. 游离钙,试饼法(雷氏夹法) 17. 青色,红色 18. 提高,减小

四、问答题

1. 答:矿渣水泥中熟料的含量比硅酸盐水泥少,掺入的粒化高炉矿渣量比较多,因此,矿渣水泥加水后的水化分两步进行:首先是水泥熟料颗粒水化,接着矿渣受熟料水化时析出的 $Ca(OH)_2$ 及外掺石膏的激发,其玻璃体中的活性氧化硅和活性氧化铝进入溶液,与 $Ca(OH)_2$ 反应生成新的水化硅酸钙和水化铝酸钙(所谓二次反应)。

2. 答:若流动性太大,可砂率不变条件下,增加适量砂、石;

若流动性太小,可保持水灰比不变,增加适量的水和水泥;

若黏聚性和保水性不良,可适当增加砂率,直到和易性满足要求为止。

3. 答:建筑石膏是一种白色粉末状的气硬性胶凝材料,密度为 $2.60\sim2.75g/cm^3$,堆积密度为 $800\sim1000kg/m^3$。建筑石膏的特点包括如下几个方面:①凝结硬化快;②硬化时体积微膨胀;③硬化后孔隙率较大,表观密度和强度较低;④防火性能良好;⑤具有一定的调温、调湿作用;⑥耐水性、抗冻性和耐热性差。

建筑石膏在建筑中的应用十分广泛,一般制成石膏抹面灰浆作内墙装饰;可用来制作各种石膏板、各种建筑艺术配件及建筑装饰、彩色石膏制品等。另外,石膏作为重要的外加剂,广泛应用于水泥、水泥制品及硅酸盐制品。

4. 答:(1)强度:土木工程材料必须具备足够的强度,能够安全地承受设计荷载;自身的重量以轻为宜,以减少下部结构和地基的负荷。

(2)耐久性:具有与使用环境相适应的耐久性,以便减少维修费用。

(3)功能:满足功能要求。用于装饰的材料,应能美化房屋并产生一定的艺术效果;用于特殊部位的材料,应具有相应的特殊功能,例如屋面材料要能绝热,防水;楼板和内墙材料要能隔声等。

5. 答:下屈服强度 R_{eL} 和抗拉强度 R_m 的比值称为钢材的屈强比,该值反映钢材的安全可靠程度和利用率。屈强比越小,表明材料的安全性和可靠性越高,材料不易发生危险的脆性断裂。如果屈强比太小,则利用率低,造成钢材浪费。

6. 答:湿木材在空气中干燥,当自由水蒸发完毕而吸附水尚处于饱和时的状态,称为纤维饱和点。此时的木材含水率称为纤维饱和点含水率,其大小随树种而异,通常介于 $23\%\sim33\%$。

7. 答:高分子材料的主要组成有合成树脂、填充料、增塑剂和固化剂等。树脂起黏结作用,其决定了高分子材料的主要性质和应用;填充料主要起提高强度、硬度、刚度及耐热性等,同时也为了减小收缩和降低造价;增塑剂改善塑料加工工艺性能,降低压力和温度,还可以改善塑料的韧性、塑性和柔顺性等;固化剂使线型高聚物交联为体型高聚物,从而具有热固性。

8. 答:混凝土抵抗环境介质作用并长期保持其良好的使用性能的能力称为混凝土的耐久性。

提高混凝土耐久性的措施主要有:

(1)根据工程所处环境和工程性质选用适宜或合理的水泥品种。选择适宜的掺合料。

(2)采用较小水胶比,保证足量的水泥。

(3)采用级配较好、干净、粒径适中的骨料。

(4)根据工程性质和环境条件,选择掺加适宜的外加剂。抗渗可掺减水剂,抗冻可掺引气剂。

（5）采用与工程性质相一致的砂、石骨料（如坚固性好、耐酸性好、耐碱性好或耐热性好的骨料）。

（6）加强养护，改善施工方法与质量。

五、计算题

1. 解：

$$W_m = \frac{m_b - m_g}{m_g} \times 100\% = \frac{2\,900 - 2\,500}{2\,500} \times 100\% = 16\%$$

$$W_m = \frac{m_b - m_g}{V_0 \rho_w} \times 100\% = \frac{2\,900 - 2\,500}{24 \times 11.5 \times 53 \times 1} \times 100\% = 27.3\%$$

$$\rho = \frac{m}{V} = \frac{50}{18.5} = 2.703 \text{g/cm}^3$$

$$\rho_0 = \frac{m_b}{V_0} = \frac{2\,500}{25 \times 11.5 \times 5.3} = 1.709 \text{g/cm}^3$$

$$D = \frac{\rho_0}{\rho} \times 100\% = \frac{1.709}{2.703} \times 100\% = 63.2\%$$

2. 解：（1）实验室配合比为：

$$C_0 = C = 308(\text{kg/m}^3)$$

$$S_0 = S/(1 + a\%) = 700/(1 + 4.2\%) = 672(\text{kg/m}^3)$$

$$G_0 = G/(1 + b\%) = 1\,260/(1 + 1.6\%) = 1\,240(\text{kg/m}^3)$$

$$W_0 = W + S_0 \times a\% + G_0 \times b\% = 128 + 672 \times 4.2\% + 1\,240 \times 1.6\% = 176(\text{kg/m}^3)$$

（2）已知：$f_{ce} = 48.7\text{MPa}$，$\sigma = 4.6\text{MPa}$，$\alpha_a = 0.53$，$\alpha_b = 0.20$

$$W/C = 176/308$$

故：配制强度

$$f_{cu,0} = \alpha_a f_{ce}(C/W - \alpha_b) = 0.53 \times 48.7(308/176 - 0.20) = 40.0\text{MPa}$$

$$f_{cu,k} = f_{cu,0} - 1.645\sigma = 40.0 - 1.645 \times 4.6 = 32.4\text{MPa}$$

所以，所求的混凝土强度等级为 C30。

硕士研究生入学考试模拟试卷一

一、选择题(26分)

1. 测定砂浆的保水性,用_____试验。

  A. 稠度;   B. 分层度;   C. 保水率;   D. b 和 c。

2. 硅酸盐水泥生产过程中需加入适量的二水石膏,其目的是_____。

  A. 控制凝结时间; B. 增加产量;   C. 降低成本。

3. 今有一混凝土工程,要求混凝土有一定的抗渗性,不宜选用_____。

  A. 火山灰硅酸盐水泥;   B. 粉煤灰硅酸盐水泥;

  C. 矿渣硅酸盐水泥。

4. 混凝土和易性检验时,若发现黏聚性不良时,可以_____。

  A. 增加石子;   B. 增加砂率;   C. 减少水泥浆。

5. 进行混凝土强度配制时,应根据国家规定,使强度保证率达_____。

  A. 90%;   B. 95%;   C. 85%。

6. 碳素结构钢随钢号增大,各项性能的变化为_____。

  A. 屈服值、抗拉强度上升,伸长率下降,冲击韧性下降;

  B. 屈服值、抗拉强度下降,伸长率上升,冲击韧性上升;

  C. 屈服值、抗拉强度下降,伸长率下降,冲击韧性上升。

7. 水泥中掺入混合材后其_____。

  A. 凝结时间缩短; B. 早期强度提高; C. 早期强度下降。

8. 硫酸盐对水泥石的侵蚀作用主要来自_____。

  A. 结晶压力;   B. 溶析现象;   C. 化学溶解。

9. 当混凝土的生产条件在较长时间内不能保持一致且混凝土强度变异性不能保持稳定时,应采用_____方法进行混凝土强度评定。

  A. 连续 3 组试件组成一个验收批;

  B. 10 组及 10 组以上组成一个验收批;

  C. 非统计方法。

10. 钢材中的有害元素为_____。

  A. 硅、磷;   B. 硫、磷;   C. 锰、硫。

11. 在配制混凝土过程中,当粗骨料最大粒径增大而其他参数均不变时,一般砂率____。

  A. 不变;   B. 增大;   C. 减少。

12. 某大体积混凝土工程,应优先采用的水泥品种是_____。

  A. 普通水泥;   B. 矿渣水泥;   C. 硅酸盐水泥。

13. 基准配合比的哪项指标一定符合要求_____。

A. 强度；　　　　　　B. 和易性；　　　　　　C. 耐久性。

二、填空题(30分)

1. 当材料的孔隙率一定时,孔隙尺寸愈小,材料的强度愈_____,绝热性能愈_____,耐久性_____。

2. 选用墙体材料时,应选择导热系数较_____,热容量较_____的材料,才能使室内尽可能冬暖夏凉。

3. 无机非金属材料一般均属于脆性材料,最宜承受_____力。

4. 保温与吸声材料均为多孔材料,孔隙结构上都要求具有孔径_____。但前者要求孔隙_____,后者要求孔隙_____。

5. 钢材经冷加工和时效处理后,其_____、_____上升,_____和_____下降。

6. 引起硅酸盐水泥安定性不良的原因是_____、_____、_____。

7. 所有硅酸盐水泥的初凝时间按国家标准均需达到_____,其原因_____。

8. 判定砂子粗细用_____,判定级配则用_____。

9. 在进行混凝土和易性调整时,若发现坍落度高于设计要求时,应在_____的条件下,增加_____的量;若发现坍落度低于设计要求时,应在_____条件下,增加_____的量。

10. 混凝土常用的传统减水剂有_____,_____和_____。新型的高效减水剂为_____。

11. 在设计中,一般以_____作为钢材强度取值的依据。

12. 一般说青砖的耐久性比红砖_____。

三、问答题(每题7分,共35分)

1. 现有甲、乙两类硅酸盐水泥熟料,其矿物组成列于下表,试分析以下两种水泥性能有何差异?为什么?

矿物组成 / %　种类	C_3S	C_2S	C_3A	C_4AF
甲	55	19	11	15
乙	40	38	6	16

2. 配制混凝土应考虑哪些基本要求?怎样才能得到优质的混凝土?

3. 粗细骨料中的有害杂质是什么?它们分别对混凝土质量有何影响?

4. 影响混凝土强度的主要因素有哪些?怎样影响?提高混凝土强度的主要措施有哪些?

5. 请举例谈谈建筑材料在保护环境、节能减排中的作用。

四、计算题(9分)

对某一硅酸盐水泥进行强度检验,检验数据如下,请评定该水泥的强度等级。

抗折/N		抗压/kN	
3 d	**28 d**	**3 d**	**28 d**
1 920	3 040	41	87
		38	89
2 010	3 090	39	93
		37	96
1 850	2 920	40	101
		39	105

试评定其强度等级。

附　表

等级	抗折强度/MPa		抗压强度/MPa	
	3 d	**28 d**	**3 d**	**28 d**
32.5	2.5	5.5	11.0	32.5
42.5	4.0	6.5	16.0	42.5
52.5	4.0	7.0	22.0	52.5
52.5R	5.0	7.0	26.0	52.5

硕士研究生入学考试模拟试卷一参考答案

一、选择题

1. D　2. A　3. C　4. B　5. B　6. A　7. C　8. A　9. B　10. B　11. C　12. B
13. B

二、填空题

1. 高,好,愈好　2. 小,大　3. (静)压力　4. 细,封闭,开放　5. 屈服点,拉伸强度,塑性,韧性　6. 游离钙过多,游离镁过多,石膏掺量过多　7. 不小于45min,过短不能正常施工　8. 细度模数,级配区　9. 砂率不变,砂石,水胶比不变,水和水泥量　10. 木质素系,奈系,树脂,聚羧酸　11. (下)屈服点或屈服强度　12. 好

三、问答题

1. 答:由甲组硅酸盐水泥熟料配制的硅酸盐水泥的强度发展速度、水化热、28d时的强度高于由乙组硅酸盐水泥熟料配制的硅酸盐水泥,但耐腐蚀性则低于由乙组硅酸盐水泥熟料配制的硅酸盐水泥。

出现上述差异的主要原因是甲组熟料中 C_3S 和 C_3A 的含量均高于乙组熟料,由于 C_3S

早强高,释放氢氧化钙多,耐软水侵蚀差;C_3A 水化速度快,水化热高,其水化产物易与硫酸盐反应形成钙矾石膨胀。因而出现了上述性能上的差异。

2. 答:配制混凝土时,要考虑以下四项要求:

(1) 各组成材料经拌和后形成的拌合物应具有一定的和易性,以便于施工;

(2) 混凝土应在规定龄期达到设计要求的强度;

(3) 硬化后的混凝土应具有适应其所处环境的耐久性;

(4) 经济合理,在保证质量前提下,节约造价。

应根据工程性质、部位、施工条件、环境状况等,按各品种水泥的特性合理选择水泥的品种和等级。同时必须考虑砂的颗粒级配和细度模数,尽量选用洁净、级配合理的中砂。粗骨料选择杂质含量合格、连续级配、最大粒径在满足施工、构件尺寸、钢筋排列的前提下可适当大些。

3. 答:有机质易腐烂,析出有机酸等,对水泥有腐蚀作用,影响强度。同时也影响水泥的正常凝结硬化。故需加以限制。

当砂中含有氯盐时,会促使钢筋锈蚀。硫酸盐及硫化物主要是会对水泥石造成膨胀性腐蚀。为保证混凝土或钢筋混凝土的耐久性,对氯盐、硫酸盐及硫化物需予以限制。

针片状颗粒受力易折断,且增加骨料间的空隙。

4. 答:(1) 水泥强度和水胶比　水泥是混凝土中的活性组分,其强度大小直接影响混凝土强度的高低。在配合比相同的条件下,水泥强度越高,制成的混凝土强度也越高。当使用同种水泥时,混凝土强度主要取决于水胶比。因为水泥水化时,所需的结合水,一般只占水泥重量的 23% 左右,但在拌制混凝土混合物时,为了获得必要的流动性,常需用较多的水。混凝土硬化后,多余的水蒸发或者残存在混凝土中,形成毛细管、气孔或水泡,它们减少了混凝土的有效断面,并有可能在受力时于气孔或水泡周围产生应力集中,使混凝土的强度下降。在保证工程质量的条件下,水胶比越小,混凝土的强度就越高。试验证明,混凝土强度随水胶比增大而降低。

(2) 养护条件和温度　水泥水化、凝结和硬化必须在一定的温度和湿度的条件下进行。在保证足够的湿度的情况下,不同的养护温度,其结果也不一定相同。温度高,水泥凝结硬化的速度快,早期强度高,低温时水泥混凝土的硬化比较缓慢,当温度低至 $0℃$ 以下时,硬化不但停止,而且具有被冰冻破坏的危险。水泥的水化必须在有水的条件下进行,因此,混凝土浇筑完毕后,必须加强养护,以保证混凝土不断的凝结和硬化。

(3) 龄期　在正常养护条件下,混凝土强度的增长遵循水泥水化历程规律,即随着龄期的时间的延长,强度也随之增长。

(4) 施工质量　施工质量的好坏对混凝土强度有非常重要的作用,施工质量包括配料准确、搅拌均匀、振捣密实、养护适宜等。

提高混凝土强度的措施主要有:

(1) 选用高强度水泥;

(2) 尽量降低水胶比,并掺减水剂以保证施工要求的和易性;

(3) 减少活性较低的矿物掺合料如粉煤灰的掺量;

(4) 采用级配良好的砂石,高强混凝土宜采用级配中最大粒经较小的碎石;

(5) 充分搅拌和高频振捣成型;

(6) 加强养护,保证有适宜的温度和较高的湿度。

5. 答:可通过如下途径实现保护环境、节能减排:

(1) 尽量用废弃物替代天然材料;

(2) 建筑材料生产过程尽量采用节能的工艺设备;

(3) 围护结构材料应满足相应的保温性能要求。

如:墙体材料尽可能不采用黏土砖;利用粉煤灰、矿粉制备混凝土;利用建筑垃圾制备再生骨料,等等。

四、计算题

解:

(1) 3d 抗折强度:

破坏荷载平均值(1920+2010+1850)/3＝1927N

因破坏荷载的最大值与最小值都未超出平均值的±10%。

故 $\overline{f}_3 = \dfrac{3\overline{P}L}{2b^2h} = 0.00234\overline{P} = 0.00234 \times 1927 = 4.5\text{MPa}$

(2) 28d 抗折强度:

破坏荷载平均值(3040+3090+2920)/3＝3017N

因破坏荷载的最大值与最小值都未超出平均值的±10%。

故 $\overline{f}_{28} = \dfrac{3\overline{P}L}{2b^2h} = 0.00234\overline{P} = 0.00234 \times 3017 = 7.1\text{MPa}$

(3) 3d 抗压强度:

破坏荷载平均值(41+38+39+37+40+39)/6 ＝ 39kN

因破坏荷载的最大值与最小值都未超出平均值的±10%。

故 $\overline{f}_3 = \dfrac{\overline{P}}{A} = \dfrac{39 \times 1000}{40 \times 40} = 24.4\text{MPa}$

(4) 28d 抗压强度:

破坏荷载平均值(87+89+93+96+101+105)/6＝95.2kN

因当破坏荷载的最大值与平均值之差超出±10%,剔除该值,取剩余的 5 个数据计算平均值。

破坏荷载平均值(87+89+93+96+101)/5＝93.6kN

故 $\overline{f}_{28} = \dfrac{\overline{P}}{A} = \dfrac{93.6 \times 1000}{40 \times 40} = 58.5\text{MPa}$

根据国标 GB175,该水泥的强度等级为 52.5。

硕士研究生入学考试模拟试卷二

一、选择题(每题 1 分,共计 10 分)

1. 建筑石膏适用做墙体材料、砌块的主要原因在于_____。
   A. 石膏凝结硬化快;　　　　　　　　B. 硬化时体积微膨胀;
   C. 硬化体孔隙率高;　　　　　　　　D. 强度高。

2. 硅酸盐水泥生产过程中需加入适量的二水石膏,其目的是_____。
   A. 控制凝结时间;　　B. 增加产量;　　C. 降低成本。

3. 今有一混凝土工程,要求混凝土有一定的抗渗性,不宜选用_____。
   A. 火山灰硅酸盐水泥;　　B. 粉煤灰硅酸盐水泥;　　C. 矿渣硅酸盐水泥。

4. 混凝土和易性检验时,若发现黏聚性不良时,可以_____。
   A. 增加石子;　　B. 增加砂率;　　C. 减少水泥浆。

5. 水泥中掺入混合材后其_____。
   A. 凝结时间缩短;　　B. 早期强度提高;　　C. 早期强度下降。

6. 硫酸盐对水泥石的侵蚀作用主要来自_____。
   A. 结晶压力;　　B. 溶析现象;　　C. 化学溶解。

7. 既能揭示钢材内部组织缺陷又能反映钢材在静载下的塑性的试验_____。
   A. 拉伸试验;　　B. 冷弯试验;　　C. 冲击韧性试验。

8. 在配制混凝土过程中,当粗骨料最大粒径增大时,而其他原材料均不变时,一般砂率_____。
   A. 不变;　　B. 增大;　　C. 减少。

9. 混凝土基准配合比的哪项指标一定符合要求_____。
   A. 强度;　　B. 和易性;　　C. 耐久性。

10. 泵送混凝土施工选用的外加剂是_____。
    A. 减水剂;　　B. 早强刑;　　C. 缓凝剂;　　D. 速凝剂。

二、填空题(每格 1 分,共计 30 分)

1. 选用墙体材料时,应选择导热系数较_____的材料,而墙体的热容量较_____时,才能使室内尽可能冬暖夏凉。

2. 水会对材料的_____、_____、_____、_____及_____等性能产生不良影响。

3. 相同材料采用小试件测得的强度较大试件_____;加荷速度快者强度值偏_____;试件表面不平或表面涂润滑剂时,所测强度值偏_____。

4. 保温与吸声材料均为多孔材料,孔隙结构上都要求具有孔径_____。但前者要求孔隙_____,后者要求孔隙_____。

5. 钢中含有害元素 _____ 、_____ 较多呈热脆性,含有害元素 _____ 较多呈冷脆性。

6. 硅酸盐水泥安定性不良的原因是 _____ 、_____ 、_____ 。

7. 所有硅酸盐水泥的初凝时间按国家标准均需至少达到 _____ min,其原因 _____ 。

8. 判定砂子粗细用 _____ ,判定级配则用 _____ 。

9. 在混凝土配合比设计中,水胶比的大小主要由 _____ 和 _____ 等因素决定;用水量的多少主要是根据 _____ 、_____ 而确定;砂率是根据 _____ 、_____ 而确定。

10. 石灰膏要陈伏,目的是为了消除 _____ 的影响。

11. 过火砖既使外观合格,也不宜用于保温墙体中,这主要是由于它的 _____ 性能不理想。

三、问答题(每题 10 分,共计 60 分)

1. 试分析材料的孔隙率和孔隙特征对材料的强度、吸水性、抗渗性、抗冻性、导热性及吸声性影响。

2. 某建筑的内墙使用石灰砂浆抹面。数月后,墙面上出现了许多不规则的网状裂纹,同时在个别部位还有一部分凸出的呈放射状裂纹。试分析上述现象产生的原因。

3. 下列混凝土工程中应优先选用哪种水泥?说明理由。
(1) 采用湿热养护的混凝土构件;
(2) 严寒地区受反复冻融的混凝土工程;
(3) 厚大体积混凝土工程;
(4) 有抗渗(防水)要求的混凝土工程。

4. 影响混凝土强度的主要因素有哪些?如何配制高强度混凝土?

5. 影响混凝土抗渗性的因素有哪些?改善措施有哪些?

6. 何谓绿色建筑材料?你所了解的绿色建筑材料有哪些?

硕士研究生入学考试模拟试卷二参考答案

一、选择题

1. C 2. A 3. C 4. B 5. C 6. A 7. B 8. C 9. B 10. A

二、填空题

1. 小,大 2. 强度,绝热性,抗冻性,耐久性,体积稳定性 3. 大,高,低 4. 细,封闭,连通开放 5. S,O,P 6. $f-CaO$ 过量,$f-MgO$ 过量,石膏掺量过多 7. 45,保证正常施工所需的时间 8. 细度模数,级配曲线 9. 水泥强度和矿物掺合料的掺量,混凝土设计强度,坍落度,粗骨料最大粒径,粗骨料最大粒径,水胶比 10. 过烧石灰的影响 11. 绝热

三、简答题

1. 答：孔隙率是指材料内部孔隙体积占其总体积的百分率。孔隙率的大小直接反映材料的密实程度。

一般来说，孔隙率增大，材料的强度降低、容积密度降低、绝热性能提高、抗渗性降低、抗冻性降低、耐腐蚀性降低、耐久性降低、吸水性提高。

材料内部的孔隙各式各样，十分复杂，孔隙特征主要有大小、形状、分布、连通与否等。孔隙特征对材料的物理、力学性质均有显著影响。若是开口孔隙和连通孔隙增加，会使材料的吸水性、吸湿性和吸声性显著增强，而使材料的抗渗性、抗冻性、耐腐蚀性等耐久性能显著下降。若是封闭的细小气孔增加，则对材料的吸水、吸湿、吸声无明显的影响；但对绝热、抗渗性、抗冻性等性能则有影响。在一定的范围内，增加细小封闭气孔，特别是球形气孔，会使材料的绝热性能和抗渗性、抗冻性等耐久性提高。在孔隙率一定的情况下，含大孔、开口孔隙及连通孔隙多的材料，其绝热性较含细小、封闭气孔的材料稍差。

2. 答：墙面上出现的不规则网状裂纹是石灰在凝结硬化中产生较大收缩而引起的。可以通过增加砂用量、润湿墙体基层、降低一次抹灰的厚度等措施加以改善。

墙面上个别部位出现凸出的呈放射状的裂纹是由于石灰中含有过火石灰。在砂浆硬化后，过火石灰吸收空气中的水蒸气继续熟化，体积膨胀，从而出现上述现象。

3. 答：（1）采用湿热养护的混凝土构件；

掺混合材硅酸盐水泥，因其早期强度低，适合湿热养护。

（2）严寒地区受反复冻融的混凝土工程；

硅酸盐水泥或普通硅酸盐水泥，强度高，抗冻性好。

（3）厚大体积混凝土工程；

掺混合材的硅酸盐水泥，水化热低。

（4）有抗渗（防水）要求的混凝土工程；

普通硅酸盐水泥或火山灰硅酸盐水泥。

4. 答：

（1）水泥强度和水胶比　　水泥是混凝土中的活性组分，其强度大小直接影响混凝土强度的高低。在配合比相同的条件下，水泥强度越高，制成的混凝土强度也越高。当使用同种水泥时，混凝土强度主要取决于水胶比。因为水泥水化时，所需的结合水，一般只占水泥重量的 23% 左右，但在拌制混凝土混合物时，为了获得必要的流动性，常需用较多的水。混凝土硬化后，多余的水蒸发或者残存在混凝土中，形成毛细管、气孔或水泡，它们减少了混凝土的有效断面，并有可能在受力时于气孔或水泡周围产生应力集中，使混凝土的强度下降。在保证工程质量的条件下，水胶比越小，混凝土的强度就越高。试验证明，混凝土强度随水胶比增大而降低。

（2）养护条件和温度　　水泥水化、凝结和硬化必须在一定的温度和湿度的条件下进行。在保证足够的湿度的情况下，不同的养护温度，其结果也不一定相同。温度高，水泥凝结硬化的速度快，早期强度高，低温时水泥混凝土的硬化比较缓慢，当温度低至 0℃ 以下时，硬化不但停止，而且具有被冰冻破坏的危险。水泥的水化必须在有水的条件下进行，因此，混凝土浇筑完毕后，必须加强养护，以保证混凝土不断的凝结和硬化。

（3）龄期　　在正常养护条件下，混凝土强度的增长遵循水泥水化历程规律，即随着龄期的时间的延长,强度也随之增长。

(4) 施工质量　施工质量的好坏对混凝土强度有非常重要的作用,施工质量包括配料准确,搅拌均匀,振捣密实,养护适宜等。

配制高强度混凝土的方法有:

(1) 选用高强度水泥和较少掺量的掺合料;

(2) 尽量降低水胶比,并掺减水剂以保证施工要求的和易性;

(3) 采用级配良好的砂石,高强混凝土宜采用级配中最大粒经较小的碎石;

(4) 充分搅拌和高频振捣成型;

(5) 加强养护,保证有适宜的温度和较高的湿度。

5. 答:影响抗渗性的因素,主要是与孔隙率,特别是开口孔隙率有关的因素。这些因素,主要有水胶比、水泥品种、骨料的级配、骨料中黏土类杂质的多少、骨料的粒径、砂率、养护条件与龄期、是否掺有外加剂和混合材料等。

可采取以下措施来提高抗渗性:采用较小的水胶比、选择合理的水泥品种(如普通硅酸盐水泥或火山灰质硅酸盐水泥)、保证一定的水泥用量、级配良好且干净的骨料、适宜的骨料粒径(如采用中砂,且粗骨料的最大粒径不宜太大)、适当增加砂率、掺加减水剂或引气剂、防水剂、掺入适量的磨细粉煤灰等混合材料、加强养护等。

6. 答:绿色建材又称生态建材、环保建材和健康建材等。绿色建材是指采用清洁生产技术、少用天然资源和能源、大量使用工业或城市固态废物生产的无毒害、无污染、无放射性、有利于环境保护和人体健康的建筑材料。绿色建材与传统的建材相比可归纳以下五方面的基本特征:①其生产所用原料尽可能少用天然资源、大量使用尾渣、垃圾、废液等废弃物;②采用低能耗制造工艺和无污染环境的生产技术;③在产品配制或生产过程中,不得使用甲醛、卤化物溶剂或芳香族碳氢化合物;产品中不得含有汞及其化合物的颜料和添加剂;④产品的设计是以改善生产环境、提高生活质量为宗旨,即产品不仅不损害人体健康,而应有益于人体健康,产品具有多功能化,如抗菌、灭菌、防霉、除臭、隔热、阻燃、调温、调湿、消磁、防射线、抗静电等;⑤产品可循环或回收利用,无污染环境的废弃物。

常用的绿色建筑材料有:再生混凝土、利用矿粉粉煤灰等配制混凝土、高性能混凝土。另外,还有建筑陶瓷、绿色涂料、建筑用钢、生态水泥等。